3D打印应用丛书

U0190871

3D打印基础实务

3D Dayin Jichu Shiwu

主　编　胡　建　任福建
副主编　瞿仁琼　彭丽颖
　　　　张　炜　龙丽珠
参　编　邱　波　尚子珍
主　审　李　庆　刘　洁

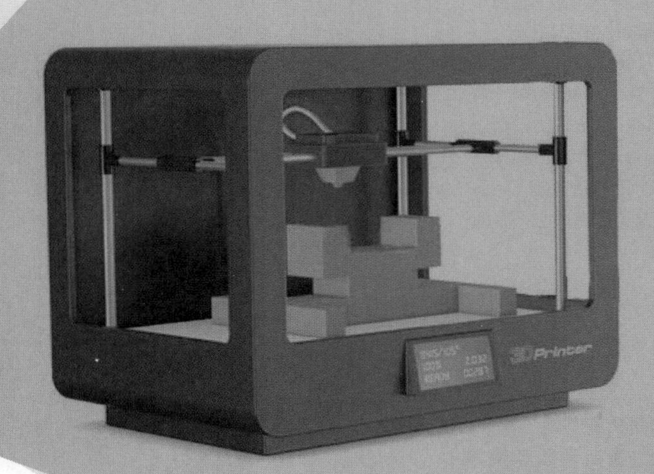

重庆大学出版社

图书在版编目(CIP)数据

3D打印基础实务 / 胡建，任福建主编. -- 重庆：重庆大学出版社，2019.6（2020.8重印）
ISBN 978-7-5689-1626-4

Ⅰ.①3… Ⅱ.①胡… ②任… Ⅲ.①立体印刷 - 印刷术 Ⅳ.①TS853

中国版本图书馆 CIP 数据核字（2019）第117919号

3D打印基础实务

主　编　胡　建　任福建
副主编　瞿仁琼　彭丽颖　张　炜　龙丽珠
参　编　邱　波　尚子珍
主　审　李　庆　刘　洁

策划编辑：鲁　黎
责任编辑：文　鹏　　版式设计：鲁　黎
责任校对：邹　忌　　责任印制：张　策

*

重庆大学出版社出版发行
出版人：饶帮华
社址：重庆市沙坪坝区大学城西路21号
邮编：401331
电话：（023）88617190　88617185（中小学）
传真：（023）88617186　88617166
网址：http://www.cqup.com.cn
邮箱：fxk@cqup.com.cn（营销中心）
全国新华书店经销
重庆升光电力印务有限公司印刷

*

开本：787mm×1092mm　1/16　印张：10　字数：226千
2019年7月第1版　2020年8月第2次印刷
印数：3 001—4 000
ISBN 978-7-5689-1626-4　定价：45.00元

本书如有印刷、装订等质量问题，本社负责调换
版权所有，请勿擅自翻印和用本书
制作各类出版物及配套用书，违者必究

前　言

制造业是工业文明时代国家力量的基础。中国为实施制造强国战略制定了第一个十年行动纲领——《中国制造 2025》。而以数字模型为基础，将材料逐层堆积制造出实体物品的新兴制造技术——增材制造（又称 3D 打印）正是《中国制造 2025》明确发展的重点。为此，工业和信息化部等 12 个部门联合印发了《增材制造产业发展行动计划（2017—2020 年）》，提出了“3D 打印 + 创新教育”这项重点任务，即：实施学校增材制造技术普及工程，鼓励增材制造技术在教育领域的推广，配置增材制造设备及教学软件，开设增材制造知识培训课程，建立增材制造实验室，培养学生对创新设计的兴趣、爱好、意识，在中小学、职业院校等开展增材制造科普教育，开展增材制造设计、技能大赛等活动。

在此背景下，重庆工贸技师学院率先在技工院校开设《3D 打印技术应用》专业课程，创建首批国家级 3D 打印技术应用专业共建示范基地，组织企业专家和一线教师共同编写此书。

本书主要用于 3D 打印技术入门教学，对 3D 打印基础、3D 打印成型原理、3D 打印流程、3D 打印材料、3D 建模、3D 打印机的维护与保养、3D 打印实例等七个项目进行了介绍，适合非专业人士学习和了解 3D 打印技术的入门知识，或者相关学校或机构普及 3D 打印技术相关知识时选用。

本书具有以下特点：

1. 普适性强。本书既适合大众对 3D 打印知识进行普遍认知时使用，也适合对 3D 打印爱好者入门时使用。

2. 理论与实践相结合。本书注重理论与实践的结合，前六个项目从基础理论认知和基本知识了解入门，第七个项目从实例入手，让初学者能够在其中理解、巩固新知识。

3. 实例操作性强。项目七中的实例选题来源于生活，浅显易懂，容易上手，让学习者能够通过自己动手制作获得成就感。

本书由胡建、任福建担任主编，李庆、刘洁担任主审，瞿仁琼、彭丽颖、张炜、龙丽珠担任副主编，邱波、尚子珍参加编写工作。

由于编者水平有限，书中难免存在疏漏，恳请广大读者不吝赐教，对书中的不足之处给予指正。

编　者

2019年4月

目　录

项目一　3D 打印基础

目的要求

1. 了解 3D 打印的概念。
2. 了解 3D 打印的发展。
3. 了解 3D 打印的应用。

任务一　认识 3D 打印

知识要点

1. 什么是 3D？
2. 什么是 3D 打印？

【想一想】

什么是 3D 打印机，它的用途是什么？

一、2D 概念

D 是英文单词 Dimension 的缩写，是“维度”的意思。

2D（二维空间）：由长度和宽度，即 x 轴和 y 轴两个要素组成的平面，如图 1-1-1 所示。2D 仅有平面，不存在高度。一张纸上的图可以看作二维图形，只有面积，没有体积。

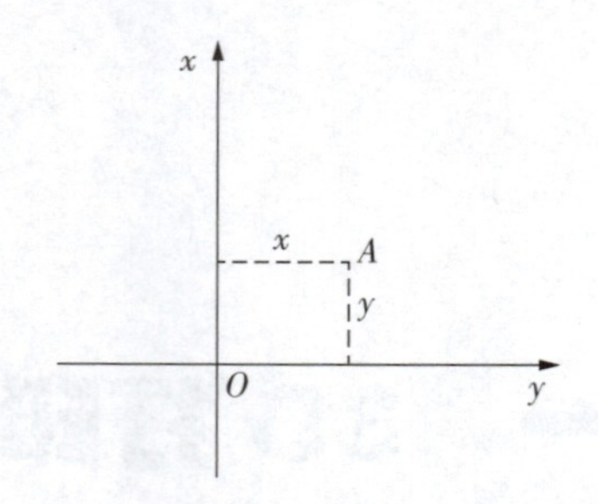

图 1-1-1　二维空间

二、3D 的概念

3D（三维空间）：在平面二维坐标系中再加入一个向量构成的三维空间。三维指坐标轴的三个轴，即 x 轴、y 轴、z 轴，其中 x 表示长度，y 表示宽度，z 表示高度，这样就形成了我们常说的立体图形，如图 1-1-2 所示。物理上的三维一般指长、宽、高。

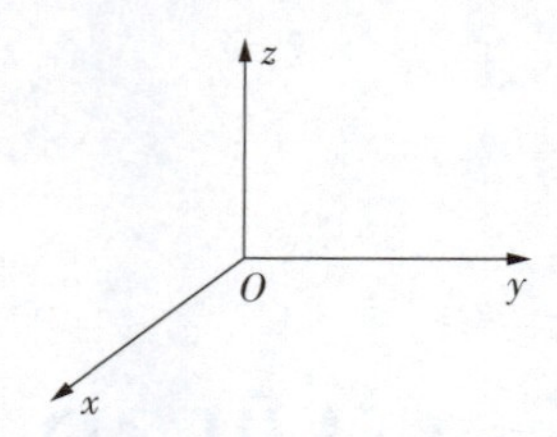

图 1-1-2　三维空间

2D 是平面空间，3D 是立体空间。

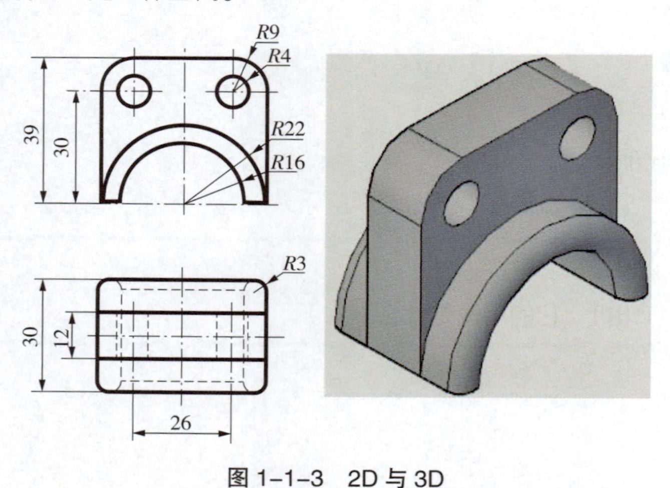

图 1-1-3　2D 与 3D

【想一想】

一张纸是二维物体还是三维物体？50 张纸堆放在一起呢？

三、打印

打印是指把电脑或其他电子设备中的文字或图片等数据，通过打印机等输出在纸张等记录物上。

图 1-1-4　普通打印机

四、3D 打印

3D 打印（3D Printing），是一种以数字模型文件基础，运用塑料或粉末状的金属等可黏合的材料，通过逐层打印的方式来构造物体的快速成型技术。

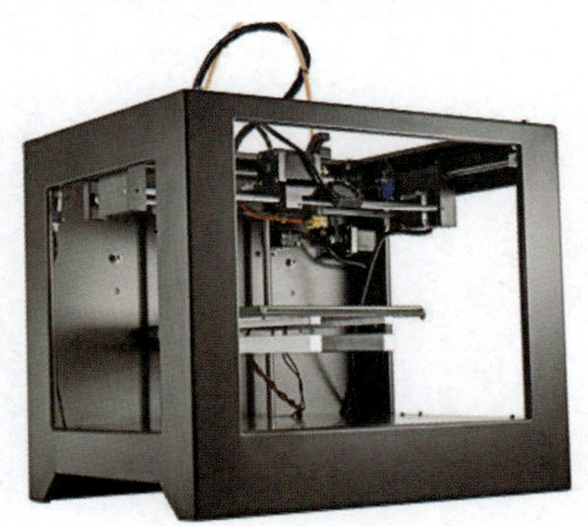

图 1-1-5　3D 打印机

五、2D 打印和 3D 打印的区别

2D 打印是平面打印，是将编辑的文档或图片以黑白或彩色形式呈现在打印纸上。3D 打印则允许使用多种材料打印想要的物体，现今可以使用的材料有塑料、尼龙、树脂、金属、巧克力、蛋白质等，未来可能会有更多可用于 3D 打印的材料。因此 3D 打印机又被称为“万能打印机”。

任务小结

1. 2D是平面，3D是立体空间。
2. 3D打印是一种快速成型技术，通过逐层打印的方式来构造物体。

思考题

现今有哪些3D打印技术？

任务二　了解 3D 打印的发展

知识要点

1. 了解 3D 打印的起源。
2. 了解 3D 打印的发展。
3. 了解 3D 打印在国内外的发展情况。

【想一想】

3D 打印会改变我们的生活么？

一、3D 打印的起源

3D 打印其实并不是新技术，这门技术在很多年以前就已经诞生了。

关于 3D 打印概念的成型，还要追溯到 19 世纪。从历史上看，快速成型技术（3D 打印技术的前身）的核心思想起源于 19 世纪中期的照相雕塑（Photosculpture）技术和地貌成形（Topography）技术。

1860 年，法国人 François Willème 首次设计出一种多角度成像的方法获取物体的三维图像。这种技术叫作照相雕塑（Photosculpture），具体是指受试者被放置在圆形室中，由围绕房间的 24 个照相机同时进行拍摄，然后将每台照相机拍下来的照片提供给 Willème 工作室，工作室里的每名工匠雕刻整个三维雕塑的 1/24。

图 1-2-1　多角度成像

图 1-2-2　三维雕塑

1892 年美国人 Joseph Blanther 发明了分层应急地貌图，是用蜡板层叠的方法制作等高线地形图的技术。这种方法的原理是，将地形图的轮廓线压印在一系列的蜡片上，然后按轮廓线切割蜡片，并将其黏结在一起，熨平表面，从而得到三维地形图，如图 1-2-3 所示。这种方法可以看成 3D 打印技术的雏形。

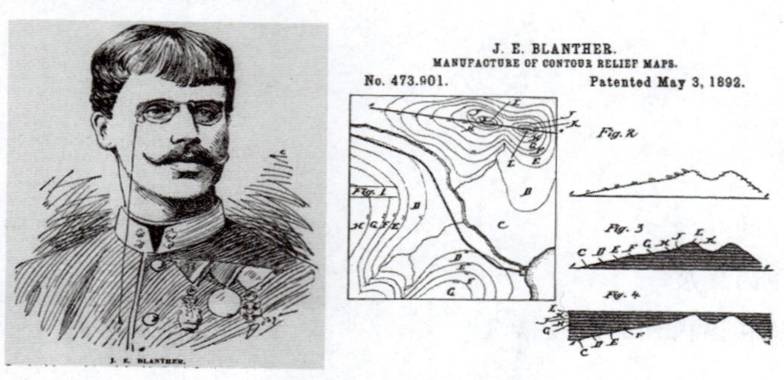

图 1-2-3　Blanther 发明的分层地形图

二、3D 打印的发展过程

虽然 3D 打印技术起源很早，但因为受限于当时的材料技术与计算机技术等而没有实现广泛的应用与商业化。3D 打印技术的正式研究开始于 20 世纪 70 年代，直到 20 世纪 80 年代技术才得以实现，其学名被正式命名为“快速成型”。

1984 年，美国人查尔斯·胡尔（Charles W. Hull）发明了 SLA（Stereo Lithography Appearance），即立体平板印刷技术。其原理：用光来催化光敏树脂，然后成型。后人把胡尔称为“3D 打印技术之父”。1986 年，胡尔成立了 3D Systems 公司，研发了 STL 文件格式，将 CAD 模型进行三角化处理，成为 CAD/CAM 系统接口文件格式的工业标准之一。

图 1-2-4　查尔斯·胡尔与 SLA 技术

1984 年，移民美国的俄罗斯工程师 Michael Feygin 提出了 LOM（Laminated Object Manufacturing），即分层实体制造技术。其原理：把片材切割并黏合成型。1985 年，Michael Feygin 组建了 Helisys 公司，在 1990 年前后开发了商业机型 LOM-1015。

图 1-2-5　LOM-1015

1988 年，美国人斯科特克·伦普（Scott Crump）发明了 FDM（Fused Deposition Modeling），即熔融沉积成型技术。其原理：利用高温把材料熔化后再喷出来重新凝固成型。他在第二年（1989 年）成立了 Stratasys 公司。

图 1-2-6　斯科特·克伦普与 FDM 技术

1989 年，美国得克萨斯大学奥斯汀分校的 Carl Dechard 发明了 SLS（Selective Laser Sintering），即选择性激光烧结技术。其原理：利用高强度激光将材料粉末烧结，直至成型。

图 1-2-7　SLS 型 3D 打印机

1993年，麻省理工学院教授Emanual Saches发明了3DP（Three-Dimensional Printing），即三维印刷技术。其原理：利用黏结剂将金属、陶瓷等粉末黏结在一起成型。麻省理工学院两年后把这项技术授权给Z Corporation进行商业应用，后来开发出彩色3D打印机。

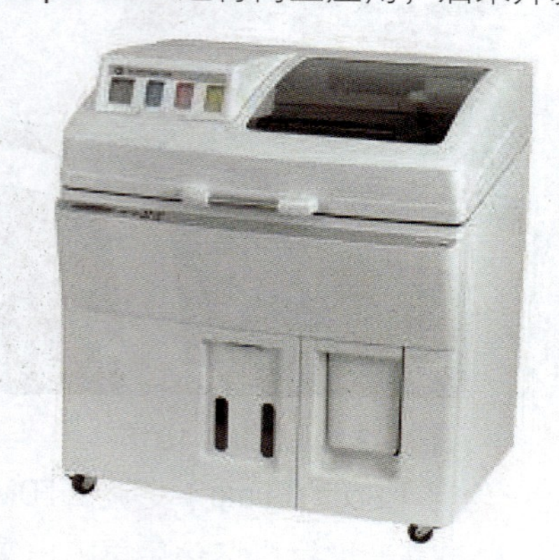

图1-2-8　彩色3D打印机

至此，所有主要的3D打印技术研发完毕并投入市场应用。3D打印技术算是在真正意义上诞生了。

三、国外3D打印发展情况

美国和欧洲国家在3D打印技术的研发及应用推广方面处于领先地位。美国是全球3D打印技术创新和应用的领导者，欧洲国家也十分重视3D打印技术的研发和应用。

美国消费者电子协会最新发布的年度报告显示，随着汽车、航空航天、工业和医疗保健等领域市场需求的增加，3D打印服务的社会需求已从2011年的17亿美元增长至2017年的50亿美元。

3D打印技术在国外发展较快，目前已经能够在0.01 mm的单层厚度上实现600 dpi的精细分辨率。目前国际上较先进的产品可以实现25 mm/h的垂直速率，并支持24位色彩的彩色打印。截至2012年底，3D打印成型公司Stratasys的产品已经可以支持123种不同材料的3D打印。美国的Z公司与日本的Riken学院于2000年联合研制出基于喷墨打印技术的能够制作彩色原型器件的3D打印机。在全球3D打印机行业中，美国的3D Systems和Stratasys两家公司的产品占据了绝大多数的市场份额。此外，在此领域具有较强技术实力和特色的企业还有美国的Fab@Home和Shapeways等。

在欧美发达国家，3D打印技术已经初步形成了较成熟的商业模式。如在消费电子业、航空业和汽车制造业等领域，3D打印技术可以以较低的成本、较高的效率生产小批量的定制部件，完成复杂而精细的造型。3D打印技术在个性化消费品领城的应用非常广泛，如一家名叫Quirky创意消费品公司在线征集用户的设计方案，以3D打印技术制成实物产品并通过电子市场销售。

四、国内 3D 打印发展情况

自 20 世纪 90 年代以来，国内多所高校陆续开展了 3D 打印技术的自主研发。清华大学在现代成型学理论、分层实体制造、熔融沉积制造工艺等方面都有一定的科研优势。华中科技大学在分层实体制造工艺方面建立优势，并已推出了 HRP 系列成型机和成型材料。西安交通大学自主研制了 3D 打印机喷头，并开发了光固化成型系统及相应的成型材料，成型精度达到 0.2 mm。中国科技大学自行研制了八喷头组合喷射装置，有望在微制造、光电器件领域得到应用。

总体而言，国内 3D 打印技术研发水平与国外相比还有较大差距。

任务小结

1. 3D 打印起源于照相雕塑技术和地貌成形技术。
2. 美国人查尔斯·胡尔发明了 SLA 立体平板印刷技术，被后人称为“3D 打印技术之父”。
3. 美国的 3D Systems 和 Stratasys 两家公司的产品占据了绝大多数的市场份额。
4. 国内的清华大学、西安交通大学等多所高校开展了 3D 打印技术的自主研发。

思考题

如果你拥有一台 3D 打印机，你会用它做什么呢？ 请描述你的想法。

任务三　认识3D打印的应用

知识要点

1. 了解3D打印的应用。
2. 了解3D打印的局限。

【想一想】

在实际生活中，3D打印有哪些应用？

一、3D打印的应用

1. 航空航天

2016年6月1日，空中客车公司推出全球第一架3D打印飞机Thor，它的机身长4 m，翼展大约也是4 m，质量只有21 kg，由大约50件3D打印组件合并而成，制作时间少于4周。除了电子零件、电池及机轮，飞机其他部分全以3D打印材料制成。

图1-3-1　3D打印飞机

2. 汽车制造业

汽车行业在进行安全性测试等工作时，会将一些非关键部件用3D打印的产品替代，在追求效率的同时降低成本。

图 1-3-2　3D 打印汽车

3. 医疗行业

3D 打印产品可以用于根据确切体型匹配定制人体零件，如今这种技术已被应用于制造更好的钛质骨植入物、义肢及矫正设备。

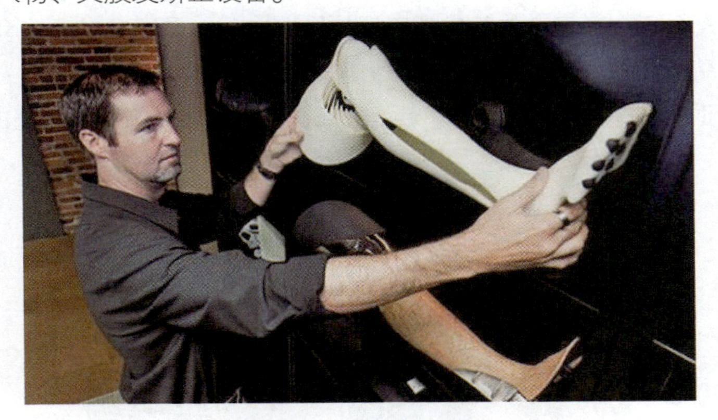

图 1-3-3　3D 打印义肢

4. 建筑设计

在建筑业里，工程师和设计师们已经接受了用 3D 打印机打印的建筑模型。这种方法快速、成本低、环保，同时制作精美，又能节省大量材料。

图 1-3-4　3D 打印建筑模型

5. 生活用品

如图 1-3-5 所示的茶桌，是一个典型的 3D 打印家具，展示了 3D 打印在设计和结构上的潜力。这个茶桌由树干状的桌腿来支撑，桌腿向上延伸形成树枝状的支架撑起桌面。整个设计高度复杂又条理清晰，是过去的制造技术难以做到的。

图 1-3-5　3D 打印家具

6. 文物保护

博物馆里常常会用很多复杂的替代品来保护原始作品不受环境或意外事件的伤害，同时艺术或文物复制品也能影响更多的人。最近史密森尼博物馆就因为托马斯・杰弗逊的原始作品要放在弗吉尼亚州展览，所以放了一个巨大的 3D 打印替代品在原来雕塑的位置。

图 1-3-6　3D 打印文物

7. 科学研究

美国德雷塞尔大学的研究人员通过对化石进行 3D 扫描，利用 3D 打印技术做出了适合研究的 3D 模型，不但保留了原化石所有的外在特征，同时还做了比例缩减。

图 1-3-7　3D 打印化石

8. 食品产业

没错，就是“打印”食品。研究人员已经开始尝试打印巧克力了。或许在不久的将来，很多看起来一模一样的食品就是用食品 3D 打印机“打印”出来的。

图 1-3-8　3D 打印巧克力

图 1-3-9　3D 打印食品

9. 配件、饰品

这是最广阔的一个市场。在未来，不管是个性笔筒，还是人物半身浮雕的手机外壳，抑或是世界上独一无二的戒指，都有可能是通过 3D 打印机打印出来的。甚至不用等到未来，现在就可以实现。

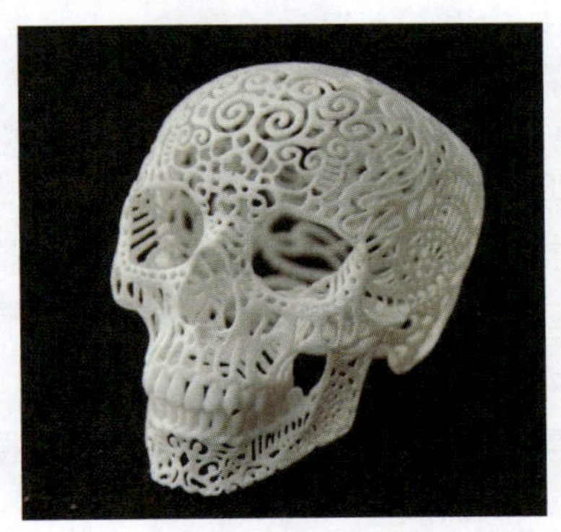

图 1-3-10　3D 打印骷髅头

图 1-3-11　3D 打印戒指

二、3D 打印的特点

1. 3D 打印的优点

个性化、易用性好等优势使得 3D 打印成为一种潮流，在很多领域得到了应用，它主要有以下优点：

（1）不增加成本

在传统的制造业，产品的形状越复杂，制造的成本也就越高。而对 3D 打印来说，产品的复杂程度并不影响其制造成本，制造一个复杂的模型并不比制造一个简单的方块耗费的成本高，这项优势有可能打破传统的定价模式，并改变人们计算制造成本的方式。

（2）可实现一体成型

对于某些由不同部件组成的产品，传统的加工方式需分别对各部件进行加工，然后再组装到一起。3D 打印可实现一体成型，从而缩减工艺，降低加工成本。

（3）降低了加工技术难度

生产一个复杂的零件可能会用到多种工艺、设备及工具。3D 打印机可以直接从设计文件中获取数据，做出同样复杂的物体。3D 打印加工要比传统加工容易得多，并且还能在远程环境或极端情况下为人们提供新的生产方式。

（4）减少材料浪费

在金属制造加工中，3D 打印机基本不产生材料的浪费。传统的金属加工浪费惊人，某些零件的加工浪费率甚至达到 90%。

（5）生产灵活

3D 打印机是按需打印的，完全可以做到有了订单再生产，而不需要再像传统行业那样建立庞大的库存，同时企业可以根据客户需要，制造满足客户特殊需求的产品。

（6）便携制造

传统加工的机器普遍体积庞大，桌面级 3D 打印机只有微波炉般大小，便于移动，可实现家用或办公用。

2. 3D 打印的缺点

事实上，3D 打印技术要成为主流的制造技术尚需时日。3D 打印机在现今的实际使用中仍属于快速成型范畴，即在生产正式的产品前为企业提供产品原型的制造。据统计，3D 打印机生产的产品中 80% 依旧是产品原型，仅有 20% 是最终产品。虽然 3D 打印在 21 世纪初已取得不小的进步，比如材料增多、打印机和原材料价格逐渐下降，但目前依然是一项年轻的技术，在没有变得更加成熟和廉价前，并不会被企业大规模采用。它的缺点主要有：

（1）材料昂贵

虽然 3D 打印技术在多种打印材料上已经取得了一定的进展，但除非这些进展足够成熟并有效，否则材料昂贵依然会是应用 3D 打印的一大障碍。

（2）单件价格成本高

现在 3D 打印都是按质量单位（g）来计算价格的，所以打印一件成品的价格还是偏高。

（3）知识产权问题

如何制定关于 3D 打印行业的法律法规用于保护知识产权，也是我们面临的问题之一，否则就会出现“山寨”泛滥的现象。

（4）道德底线问题

如果有人打印出生物器官或者活体组织，是否有违道德？我们又该如何处理呢？如果无法尽快找到解决方法，相信我们在不久的将来会遇到极大的道德挑战。

任务小结

1. 3D 打印的应用。
2. 3D 打印的特点。

思考题

如果使用 3D 打印技术制造导弹，需要用到哪些打印技术及材料？

自我检测

一、填空题

1. 3D 中的 D 是英文单词______的缩写，是“维度”的意思。
2. ____是平面空间，______是立体空间。
3. __________又被称为“万能打印机”。
4. 美国的______和______两家公司的产品占据了绝大多数的市场份额。

二、选择题

1. (　　) 人 François Willème 首次设计出一种多角度成像的方法获取物体的三维图像。

A. 美国　　B. 英国　　C. 法国

2. 美国人 Joseph Blanther 发明了 (　　) 应急地貌图，它可以看成 3D 打印技术的雏形。

A. 单层　　B. 双层　　C. 分层

3.1984 年美国人查尔斯・胡尔发明了 (　　) 技术，后人把胡尔称为“3D 打印技术之父”。

A. SLA　　B. FDM　　C. SLS

4. (　　) 是全球 3D 打印技术创新和应用的领导者。

A. 德国　　B. 美国　　C. 法国

5. (　　) 开发了光固化成型系统及相应的成型材料，成型精度达到 0.2 mm。

A. 清华大学　　B. 西安交通大学　　C. 北京航空航天大学

三、问答题

什么是 3D 打印？简述 3D 打印的用途和特点。

项目二 3D 打印成型原理

目的要求

1. 掌握熔融沉积成型法（FDM）。
2. 熟悉激光粉末烧结法（SLS）。
3. 熟悉光固化成型法（SLA）。
4. 了解三维打印黏结成型（3DP）。
5. 了解分层实体制造法（LOM）。

任务一 认识熔融沉积成型法（FDM）

知识要点

1. 熔融沉积成型法的成型原理。
2. 熔融沉积成型法的特点。

【想一想】

蛋糕店的师傅用奶油给蛋糕裱花是怎么样的一个过程?

一、熔融沉积成型法的成型原理

熔融沉积成型技术是 20 世纪 80 年代由美国人 Scott Crump 发明的。

熔融沉积成型（Fused Deposition Modeling, FDM）：先将丝状的热熔性材料在喷头里加热熔化，让打印喷头在计算机的控制下，将材料选择性地涂敷到工作台指定位置，熔融状态材料在喷出后迅速固化形成层截面。一层成型完成后，机器工作台下降一个高度（即分层厚度）再成型下一层，直至形成整个实体造型。

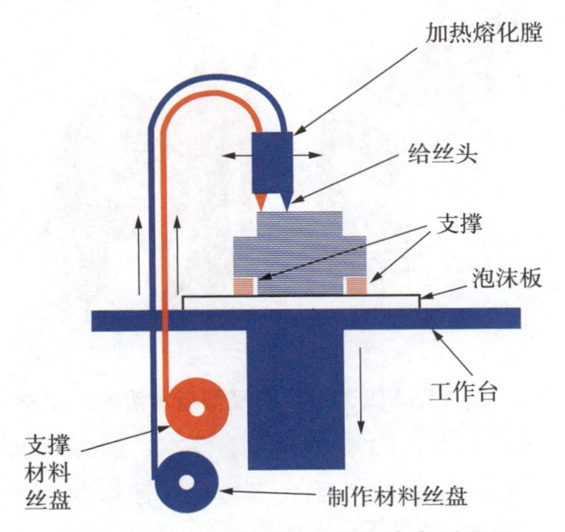

图 2-1-1　熔融沉积成型法的成型原理

在打印过程中，为了防止模型的空腔或者悬空部分坍塌，通常会自动打印出一些支撑部分，用以支撑模型。普通的 FDM 成型从头到尾都只会使用一种材料，这就意味着模型实体和支撑部分用的是一种材料，也增加了后续修剪的工作量和难度，如图 2-1-2 所示。

图 2-1-2　FDM 工艺打印的模型与支撑

高级一点的 FDM 可以使用两种不同的材料，一种作为成型材料制造模型的实体部分；另一种作为支撑材料单独使用来制造模型的支撑部分。以此种方式生成的支撑材料通常是水溶性的，打印完后只需要将模型泡在水中，便可自行去除支撑，而且外观较前者更为美观，如图 2-1-3 所。

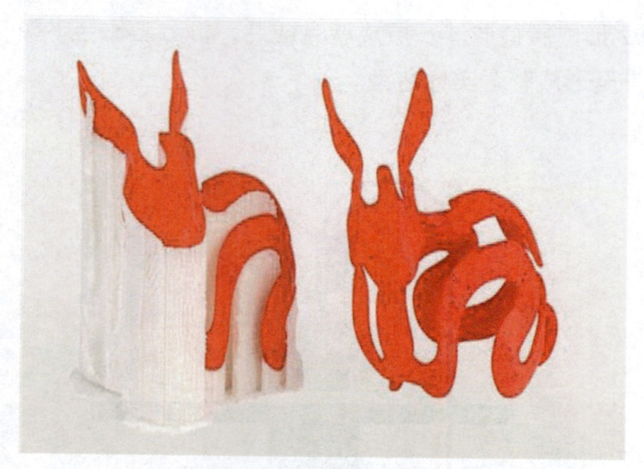

图 2-1-3　FDM 工艺打印的模型与水溶性支撑材料

由于 FDM 的成型原理相对简单，无需高精尖的技术，因此它的价格是 3D 打印中最为低廉的一种。现在市场上的桌面级 3D 打印机绝大多数都采用这种工艺。

【想一想】

FDM 技术主要使用的材料有哪些?

二、熔融沉积成型法的特点

1. 熔融沉积成型法的优点

①塑料零件快速制造。材料性能一直是 FDM 工艺的主要优点，ABS 材料的强度可以达到注塑零件强度的 1/3。近年来又发展出 PC、PC/ABS、PPSF 等材料，强度已经接近或超过普通塑料零件，可在某些特定场合（试用、维护、暂时替换）直接试用。虽然直接金属零件成型的材料性能更好，但在塑料零件领域，FDM 工艺是一种非常适宜的快速制造方式。

②打印过程不会产生毒气等化学污染，可以在相对干净、安全的操作环境进行，如办公室。

③无需激光器等贵重元器件，造价低廉，工艺简单、干净，不产生垃圾。

④原料以卷轴线的形式提供，易于搬运和快速更换。

⑤材料利用率高，而且可以选取多种材料，如可染色的 ABS、医用 ABS、PC、PPSF 等。

⑥由于 ABS 材料具有较好的化学稳定性，因而可采用伽马射线进行消毒，特别适用于医疗。

2. 熔融沉积成型法的缺点

①成型后表面粗糙，肉眼就可以观察到层状纹路。打印后需要进行手工打磨抛光处理，在制作小件或者精细件时精度不如 SLA，目前最高精度只能达到 0.1 mm 左右。因此不适合精度要求比较高的应用。

②不能打印尺寸很大的物体。由于材料本身原因所限，在打印大件时由于温度差异，很容易变形，因此一般的FDM成型尺寸大致在200 mm×200 mm×200 mm。

③打印速度慢。

④需要额外打印支撑部分。

任务小结

1. 熔融沉积成型法的成型原理。
2. 熔融沉积成型法的优点。
3. 熔融沉积成型法的缺点。

思考题

利用FDM技术，我们可以打印身边的哪些东西？

任务二　认识激光粉末烧结法（SLS）

知识要点

1. 选择性激光粉末烧结法（SLS）的成型原理。
2. 选择性激光粉末烧结法（SLS）的特点。

【想一想】

激光能产生高温么?

一、激光粉末烧结法的成型原理

选择性激光烧结法 3D 打印机由美国得克萨斯大学奥斯汀分校的 C.R. Dechard 于 1989 年研制成功。

选择性激光烧结法（Selective Laser Sintering，SLS）工艺：采用红外激光器作能源，使用的造型材料多为粉末材料。加工时，首先将粉末预热到稍低于其熔点的温度，然后在压辊的作用下将粉末铺平；激光束在计算机控制下根据分层截面信息有选择地进行烧结，一层完成后再进行下一层烧结，全部烧结完后去掉多余的粉末，就可以得到烧结好的零件。

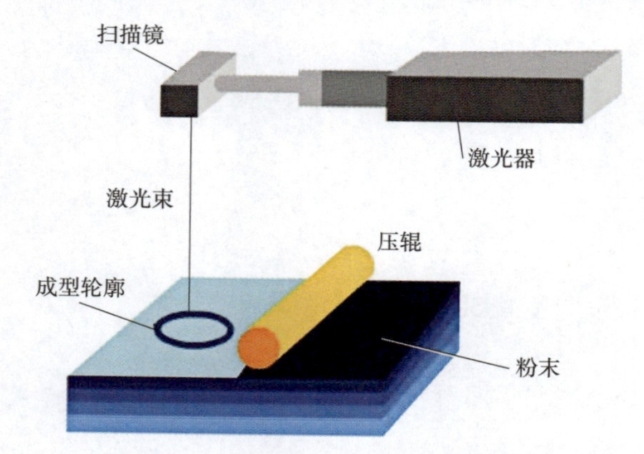

图 2-2-1　激光粉末烧结法的成型原理

粉末材料选择性烧结采用二氧化碳激光器对粉末材料（塑料粉、陶瓷与黏结剂的混合粉、金属与黏结剂的混合粉等）进行选择性烧结，是一种由离散点一层层堆积成三维实体的工艺方法。在开始加工之前，先将充有氮气的工作室升温，并保持在粉末的熔点以下。成型时，送料筒上升，铺粉滚筒移动，先在工作平台上铺一层粉末材料，然后激光束在电脑控制下按照截面轮廓对实心部分所在的粉末进行烧结，使粉末熔化继而形成一层固体轮廓。第一层烧结完成后，工作台下降一截面层的高度，再铺上一层粉末，进行下一层烧结，如此循环，形成三维的原型零件。最后经过5～10小时冷却，即可从粉末缸中取出零件。未经烧结的粉末能承托正在烧结的工件，当烧结工序完成后，取出零件。

粉末材料选择性烧结工艺适合成型中小件，能直接得到塑料、陶瓷或金属零件，零件的翘曲变形比液态光敏树脂选择性固化工艺要小。但这种工艺仍需对整个截面进行扫描和烧结，加上工作室需要升温和冷却，成型时间较长。此外，由于受到粉末颗粒大小及散光点的限制，零件的表面一般呈多孔性。

图2-2-2 SLS工艺打印的叶轮

图2-2-3 SLS工艺打印的壳体

通过烧结陶瓷、金属与黏结剂的混合粉得到原型零件后，须将它置于加热炉中，烧掉其中的黏结剂，并在孔隙中渗入填充物，后处理复杂。粉末材料选择性烧结快速原型工艺适用于产品设计的可视化表现和制作功能测试零件。由于它可采用各种不同成分的金属粉末进行烧结、渗铜等后处理，因而制成的产品具有与金属零件相近的机械性能，但因为成型表面较粗糙，渗铜等工艺复杂，所以有待进一步提高。

二、选择性激光烧结法的特点

1. 选择性激光烧结法的优点

①成型材料种类丰富。除了金属以外，SLS技术还可以打印高分子化合物、陶瓷、砂等多种材料。

②打印速度快。其速度是所有3D打印技术中最快的。

③节省材料。SLS技术是通过粉末烧结成型的，而所有未烧结过的粉末都会保持原状态并自动成为模型实物的支撑性结构，因此无须像熔积成型那样建立支撑，而且这些粉末都能在下一次打印中重复利用。

④可以打印金属。这是SLS技术最主要的优势，而且打印出来的产品具有与金属零件相近的机械性能，因此可以直接用于制造金属模具，以及单件、小批量零件。

2. 选择性激光烧结法的缺点

①成型后表面粗糙。粉末烧结的表面粗糙，精度为0.1～0.2 mm，表面粗糙度在*Ra*12.5

左右，需要后续处理。但在后续处理的过程中难以保证制件的尺寸精度，且后续处理工艺复杂，加工难度大，样件易变形，甚至无法用于装配。

②在成型较大尺寸的零件时容易发生翘曲变形。

③准备时间和冷却时间长。在开始打印前，要先将粉末加热到熔点附近，光这一准备工作就需近2个小时的时间；当零件打印完成后，需等待5～10小时，待成品完全冷却后才能取出。

④造价高。由于使用了大功率的激光器，除了设备本身的成本外，还需要很多辅助的保护工艺，整体技术难度较大，制造和维护成本非常高，普通用户难以承受。目前SLS应用主要集中在高端制造领域。

⑤打印环境恶劣。需要不断对加工室充氮气以确保烧结过程的安全性，加工成本高，且该工艺会产生有毒气体容易对人体产生伤害并污染环境。

除了SLS技术以外，金属打印技术还有SLM、DMLS、LENS、EBM、EBDM等，目前这些技术尚处在试验阶段。

任务小结

1. 选择性激光烧结法的成型原理。
2. 选择性激光烧结法的优点。
3. 选择性激光烧结法的缺点。

思考题

如何对SLS技术加工的零件进行后期处理？

任务三 认识光固化成型法（SLA）

知识要点

1. 光固化成型法（SLA）的成型原理。
2. 光固化成型法（SLA）的特点。

【想一想】

什么是光敏树脂?

一、光固化成形法的成型原理

1984 年美国人查尔斯·胡尔发明了光固化成型法技术。

光固化成型法（Stereo Lithography Appearance，SLA），又称为光敏液相固化法、立体印刷和立体光刻。在液槽内盛有液态的光敏树脂，在紫外光照射下发生固化，工作平台位于液面之下。成型作业时，聚焦后的激光束或紫外光光点在液面上按计算机指令由点到线，由线到面地逐点扫描，扫描到的地方光敏树脂液被固化，未被扫描的地方仍然是液态树脂。当一个层面扫描完成后，升降台下降一个层片厚度的距离，重新覆盖一层液态光敏树脂，再进行第二层扫描，新固化的一层牢固地黏结在前一层上，如此重复直至整个三维零件制作完毕。

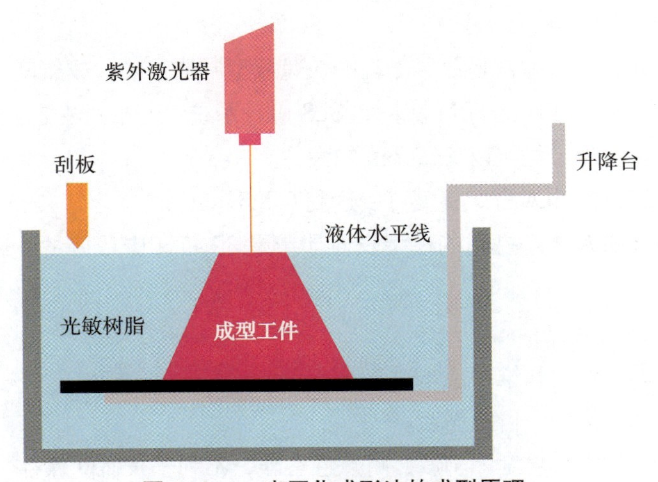

图 2-3-1 光固化成形法的成型原理

图 2-3-2　SLA 工艺打印的鼎

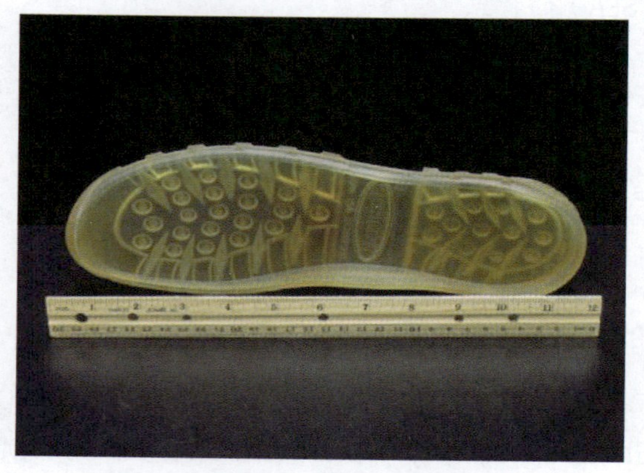

图 2-3-3　SLA 工艺打印的鞋底

由于 SLA 的材料不是线材或者粉末，而是液态树脂，不存在颗粒结构，因此可以做得很精细，最终模型的表面也相当光滑，且具有一定的通透效果。在工业应用上，它可以代替部分蜡模制作浇注模具，以及作为金属喷涂模、环氧树脂和其他软模的母模。不过 SLA 技术所用的材料较贵，目前主要用于打印薄壁、精度要求较高的零件。

二、光固化成型法的特点

1. 光固化成型法的优点

①技术成熟。光固化成型法是最早出现的快速原型制造工艺，成熟度高。

②加工速度快。打印速度比 FDM 快，比 SLS 慢，系统工作相对稳定。

③成型范围大。国外已经可以打印 2 m 的大件。

④尺寸精度高。目前 SLA 打印精度可以达到 0.025 mm。

⑤表面质量好。SLA 技术打印的模型表面质量是 3D 打印中最好的，适合上色，可用于小件及精细件的加工。

2. 光固化成型法的缺点

①设备造价高昂，使用和维护成本过高。

②打印材料为光敏树脂，价格昂贵。

③成型件多为树脂类，强度、刚度、耐热性有限，不利于长时间保存。

④污染环境，皮肤过敏者禁用光敏树脂，如果光敏树脂发生泄漏，会对环境造成污染。

⑤需自行设计工件的支撑结构，以确保在成型过程中工件结构有可靠定位，同时支撑结构需在未完全固化时手工去除，此过程容易破坏成型件。

任务小结

1. 光固化成型法的成型原理。
2. 光固化成型法的优点。
3. 光固化成型法的缺点。

思考题

SLA 用的激光与 SLS 所用激光有什么区别?

任务四　认识三维打印黏结成型（3DP）

知识要点

1. 三维打印黏结成型（3DP）的成型原理。
2. 三维打印黏结成型（3DP）的特点。

【想一想】

什么是光敏树脂?

一、三维打印黏结成型的成型原理

1993 年麻省理工学院教授 Emanual Saches 发明了三维打印黏结成型技术。

三维打印黏结成型（Three-Dimensional Printing，3DP）又称喷墨沉积。该技术利用喷头喷黏结剂，选择性地黏结粉末来成型。首先，铺粉机构在加工平台精确地铺上一层薄薄的粉末材料，然后喷墨打印头根据这一层的截面形状在粉末上喷一层特殊的胶水，喷到胶水的薄层粉末发生固化，然后在这一层上再铺一层薄的粉末，打印头按下一截面的形状喷胶水。如此层层黏结，层层叠加，从下到上，直至将一个模型的所有层都打印完成，最后把未固化的粉末清理掉，便可以得到一个三维实体的模型。

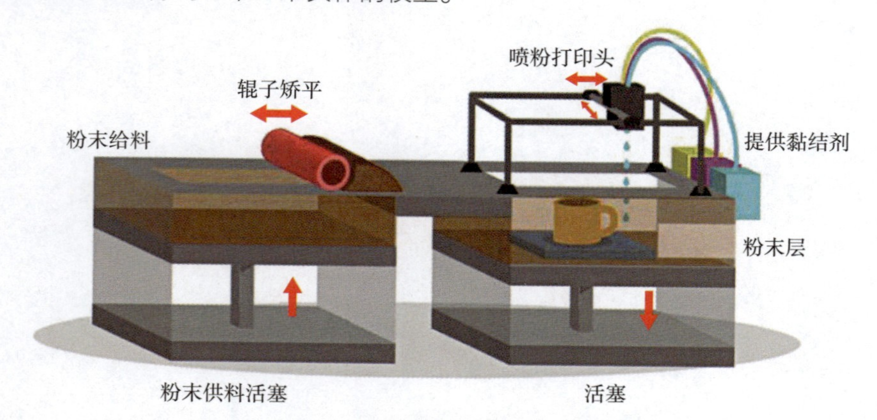

图 2-4-1　三维打印黏结成型的成型原理

简单来说，这是一种以陶瓷、金属、石膏、塑料等粉末为材料，利用黏结剂将每一层粉末黏合到一起，层层叠加而成型的技术。另外，在黏结剂中加入颜料就可以打印出彩色物体，3DP 是目前世界上比较成熟的彩色 3D 打印技术，其他 3D 打印技术一般难以做到彩色打印。

图 2-4-2 3DP 工艺打印的彩色人偶

二、三维打印黏结成型的特点

1. 三维打印黏结成型的优点

①成型方便。无需激光器等高成本元器件，成型速度快，耗材相对便宜。

②不需要支撑。成型过程不需添加支撑，适合做内腔较复杂的模型。

③可实现彩色模型打印。能够直接打印出彩色模型，而无须后期上色。目前市场多采用此技术打印彩色人像。

2. 三维打印黏结成型的缺点

①模型强度较低。由于材料及黏结剂的原因，打印出的模型强度较低，通常用作装饰品或概念模型。

②表面粗糙。成型模型的表面有颗粒状凸起，手感很粗糙。

任务小结

1. 三维打印黏结成型的成型原理。
2. 三维打印黏结成型的优点。
3. 三维打印黏结成型的缺点。

思考题

例举 3DP 打印技术在生活中的实际应用。

任务五 认识分层实体制造法（LOM）

知识要点

1. 分层实体制造法（LOM）的成型原理。
2. 分层实体制造法（LOM）的特点。

【想一想】

纸板可以用来做 3D 打印么？

一、分层实体制造法的成型原理

1984 年，移民美国的俄罗斯工程师 Michael Feygin 提出了分层实体制造法。

分层实体制造法（Laminated Object Manufacturing, LOM），又称层叠法成型，它以片材（如纸片、塑料薄膜或复合材料）为原材料，成型原理如图 2-5-1 所示，用 CO_2 激光器切割系统按照计算机提取的横截面轮廓线数据，将背面涂有热熔胶的纸用激光切割出工件的内外轮廓。切割完一层后，送料机构将新的一层纸叠加上去，工作台带动已成形的工件下降（通常材料厚度为 0.1 ~ 0.2 mm），与带状片材（料带）分离；供料机构转动收料轴和供料轴，带动料带移动，使新层移到加工区域；工作台上升到加工平面；热压辊热压，工件的层数增加一层，高度增加一个料厚；再在新层上切割截面轮廓直至零件加工完成为止。将完

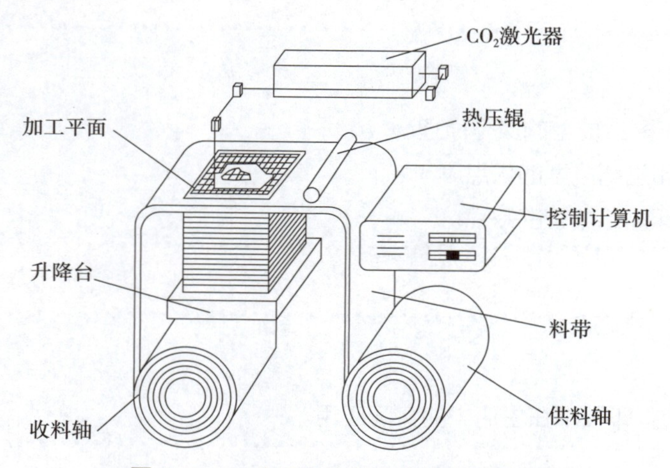

图 2-5-1　分层实体制造法的成型原理

成的零件卸下来，去除零件区域材料，但此时零件表面较粗糙，往往需要打磨或喷涂等后处理工序。

LOM 适合制作大中型模型，翘曲变形较小，尺寸精度较高，成型时间较短。使用的小功率 CO_2 激光器价格低、使用寿命长，制成件有良好的机械性能，适用于产品设计的概念建模和功能性测试零件。由于制成的零件具有木质属性，特别适合直接制作砂型铸造模。

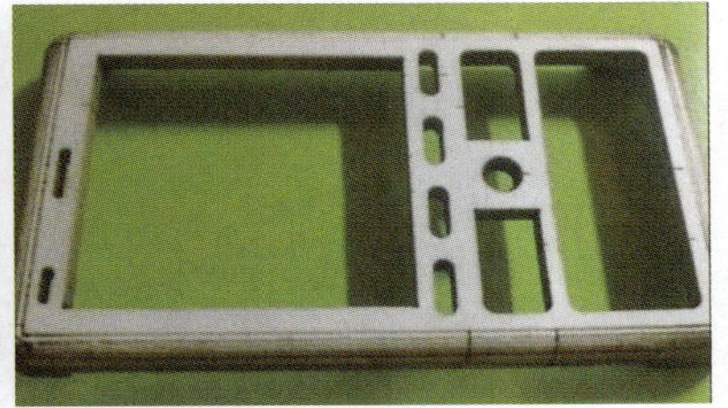

图 2-5-2　LOM 工艺制造的零件

图 2-5-3　LOM 工艺制造的汽车模型

二、分层实体制造法的特点

1. 分层实体制造法的优点

①由于只需要使激光束沿着物体的轮廓进行切割，无须扫描整个断面，所以这是一个快速原型工艺，常用于加工内部结构简单的大型零件。

②无须设计和构建支撑结构。

③耗材成本很低。材料成本应该是所有打印技术中最低的一种，打印所用的材料可以为常见的 A4 纸。

2. 分层实体制造法的缺点

①需要专门的实验室环境，维护费用高昂。

②可实际应用的原材料种类较少，尽管可选用若干原材料，例如纸、塑料、陶土以及合成材料，但目前常用的只有纸，其他箔材尚在研制开发中。

③材料浪费大。在打印完成后，最终的模型以外的部分被激光切成碎片，无法重复

利用。

④纸质零件很容易吸潮，必须立即进行后续处理、上漆。

⑤难以构建精细形状的零件。该工艺不宜构建内部结构复杂的零件，即仅限于结构简单的零件。

⑥当加工室的温度过高时常有火灾发生。因此，工作过程中需要专职人员职守。

任务小结

1. 分层实体制造法的成型原理。
2. 分层实体制造法的优点。
3. 分层实体制造法的缺点。

思考题

分层实体制造法能打印哪些东西？常用的材料有哪些？

自我检测

一、填空题

1. 在打印过程中，为了防止模型的悬空部分坍塌，通常会自动打印出一些______部分。

2. ABS 材料具有较好的化学稳定性，可采用伽马射线进行消毒，使其特别适用于______。

3. FDM 打印速度慢，打印一个 10 cm 左右的模型，时间差不多需要______小时。

4. __________Selective Laser Sintering，简称 SLS 工艺。

5. SLS 技术采用__________作能源，使用的造型材料多为____________材料。

6. SLS 采用各种不同成分的________进行烧结，因而制成的产品可具有与金属零件相近的机械性能。

7. SLS 技术无须像熔积成型那样建立__________，而且这些粉末都能在下一次打印中__________。

8. SLS 应用主要集中在__________。

9. 分层实体制造法（Laminated Object Manufacturing, LOM），又称__________。

二、选择题

1. 熔融沉积成型简称（　　）。

A. SLS　　　　B. LOM　　　　C. FDM

2. 熔融沉积成型所用的材料是（　　）的热熔性材料。

A. 颗粒状　　B. 丝状　　C. 粉末

3. 水溶性支撑材料，打印完后只需要将模型泡在（　　）中，便可自行去除支撑。

A. 水　　B. 空气　　C. 阳光

4. 选择性激光烧结法在开始加工前，先将充有（　　）的工作室升温。

A. 氧气　　B. 氢气　　C. 氮气

5. 光固化成形法简称 SLA，又称立体印刷和立体光刻，在（　　）照射下产生固化。

A. 紫外光　　B. 红外光　　C. 太阳光

6.3DP 是目前世界上比较成熟的（　　）3D 打印技术。

A. 单色　　B. 双色　　C. 彩色

7.（　　）适合制作大中型模型，翘曲变形较小，尺寸精度较高，成型时间较短。

A. FDM　　B. LOM　　C. SLS

9. SLA 的材料是（　　），打印模型的表面也相当光滑，且具有一定的通透效果。

A. 液态树脂　　B. 金属粉末　　C. ABS

三、问答题

3D 打印的成型原理有哪些，它们各自的优缺点是什么?

项目三　3D打印流程

目的要求

1. 掌握3D打印模型的获取方法。
2. 了解分层切片的含义。
3. 了解3D打印的流程。
4. 了解3D打印产品的后期处理方法。

任务一　获取数据

知识要点

1. 什么是3D建模？
2. 常用的3D打印的模型设计软件有哪些？
3. 怎样建立模型？

【想一想】

建立3D打印模型有哪些方法？

一、获取数据的概念

3D打印就是将三维数字模型转变为立体实体模型的技术，因此数字模型是3D打印的核心内容。获取数据就是获取三维数字模型的过程。三维模型包括的最基本的信息是物体各离散点的三维坐标，另外还可以包括物体表面的颜色、透明度、纹理特征等。

3D打印对于模型是有要求的，并不是所有的模型都可以进行3D打印。数据的格式、模型的封闭度、模型的最大尺寸和厚度等条件都需要满足 3D 打印机的要求。但是随着 3D 打印技术的不断发展，模型参数与打印机的匹配问题将逐步解决。

3D 打印模型需要具有水密性，并且是流形。水密性指的是在表面没有洞且边界完整的整体。图 3-1-1 就是一个非水密性模型，打印机将无法识别模型边界。流形指的是三角形的每条边有且只能有两个三角形共享。如果一个网格数据中存在多个面共享一条边，那么它就是非流形的（图 3-1-2），两个立方体只有一条共同的边，这条边被四个面共享。

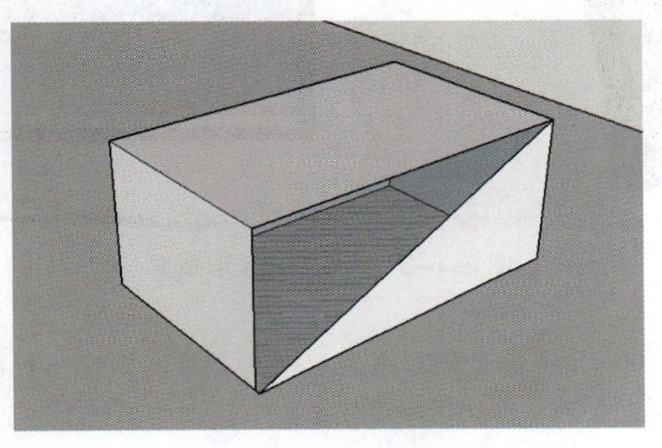

图 3-1-1　非水密模型

图 3-1-2　非流形模型

二、获取数据的方法

获取 3D 打印数据的方法很多，主要有照片建模、3D 扫描、专业软件建模、互联网下载等。

1. 照片建模

照片建模技术是通过照相机等设备对物体进行照片采集，经计算机进行图形图像处理以及三维计算，从而自动生成被拍摄物体的三维模型的技术。照片建模成本低、时间短、可批量自动化制作、模型较精准。使用手机、高级数码单反相机或无人机拍摄物体、人或场景，可将数码照片迅速转换为三维模型。

2. 3D 扫描

3D 打印最直接的数据获取方式是 3D 扫描。3D 扫描可以利用三坐标测量仪或 3D 扫描仪对物体或环境进行分析，获取对象的一系列数据，通过软件，以采集到的数字化点云为基础逆向生成实际物体的三维模型。

图 3-1-3　三维扫描获取数据

3. 专业软件建模

所谓3D建模，就是利用三维软件，将现实中的三维物体或场景在计算机中进行重建，最终在计算机上模拟出真实的三维物体或场景。这一过程中生成的三维数据就是使用各种三维数据采集仪或软件获得的数据。

利用专业三维建模软件可以获得更加精确的模型，用来建模的软件要有较强的实体造型和表面造型功能。随着3D技术的蓬勃发展，各种3D建模软件的研发也日益成熟。3D打印技术对建模软件的要求很低，只要一款软件能够导出STL等可以用于3D打印分层的格式文件，就可以用来进行打印设计。本节重点介绍几款最为常见的3D打印技术的模型设计软件。

常用的工程设计类3D软件有Solid Works、Inventor、UG、PROE等软件，都通过参数化对物体进行解析建模。通过参数的设计，它们直接生成3D模型。参数化建模是以数据作为支撑的，数据之间存在着相互的联系，改变一个数据就会对其他数据产生影响。因此参数化建模的优点在于可以通过对参数的改变来实现对模型整体的修改。

Solid Works是一款在Windows环境下进行实体建模计算机辅助设计和计算机辅助工程的计算机程序。其最大的优势在于操作相比其他工业建模软件，命令的使用更加简单直观，适合设计领域的初学者进行学习。

Inventor是一款机械设计实体建模软件，在平面草图的绘制上与CAD是非常接近的。它的主要应用领域是机械设计、产品模拟测试等。

UG是西门子公司出品的一个交互式CAD/CAM系统，可以轻松构建各种复杂形状的实体，同时也可以在后期快速地对其进行修改。它的主要应用领域是产品设计，在模具行业也有举足轻重的地位。

艺术设计类3D软件偏向于模型的外形设计。建模主要通过对点、线、面细微的勾勒实现对模型的修改，适合设计更加复杂的工艺结构图形，能够完美地展现出物体，并进行圆润的过渡，在应用方面也偏向于影视特效、游戏人物或场景建模等。艺术设计类3D软件主要包括MAYA、3DMAX。MAYA更倾向于动画的制作，在建模方面更适合细节较多的高精度模型，比如曲面的设计。3DMAX 适合建筑动画、影视特效、游戏建模。

4. 互联网下载现有数据

在需要打印的模型已经存在的这种情况下，可以直接从模型数据库中下载数据。常见的模型下载数据库网站有 Thingiverse、Youmagine 、he Instructable。 这些网站的文档都是免费的，但是仅限商业试用。

注意，从网上下载的数据并不是完美的，也需要观察模型的水密性和流形。

【想一想】

常用的 3D 打印模型设计软件有哪些？

任务小结

1. 3D 建模的概念。
2. 建立 3D 打印模型的方法。

思考题

1. 建立 3D 打印模型有哪些方法？
2. 自己选题，设计一个 3D 打印模型。

任务二 数据处理

知识要点

1. 切片分层。

2. 模型切片的过程。

【想一想】

切片的层高与打印时间、产品的精度有关系吗?

一、数据格式转换

通常，3D 打印机并不能直接读取三维模型，在建立数字化三维模型之后，还需对模型进行近似处理或修复近似处理所产生的缺陷。因此，数据处理是 3D 打印的关键技术之一，它将三维模型转换为 3D 打印系统可以直接处理的指令文件。不同的三维建模软件储存数据的文件格式有所不同，所以数据处理的第一步就是将数据转为所有 3D 打印机品牌都可以接受的 STL 格式文件。

STL 文件格式是由 3D Systems 公司制定的一个接口协议，是一种为 3D 打印服务的三维图形文件格式。STL 文件由多个三角面片组成，每个三角面片的定义包括了三角形各个顶点的三维坐标以及三角面片的法向量。当文件保存为 STL 文件后，模型所有表面和曲线都将转化为网状向量，每个网格都由一系列三角形组成。大多数 3D 建模软件都具有将设计转换成 STL 格式的功能，并且可以设置分辨率。图 3-2-1 是一个不同分辨率的文件表示，从极高（左）到极低（右）。

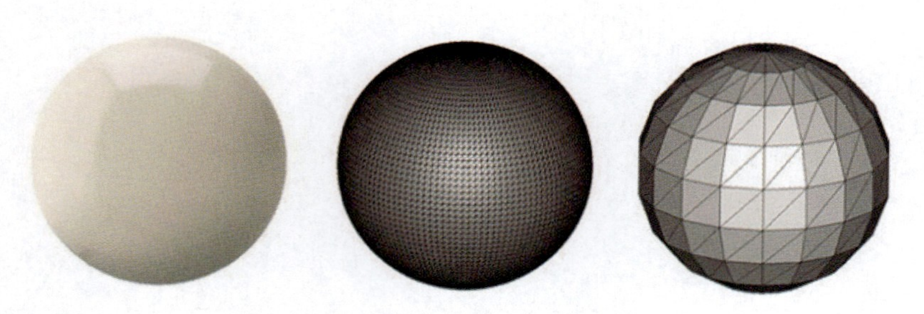

图 3-2-1 不同分辨率的 STL 文件

二、切片处理

切片实际上就是把 3D 模型切成一片一片的，设计好打印的路径，包括填充密度、角度、外壳等，并将切片后的文件储存成 gcode 的格式，这种文件格式能被 3D 打印机直接读取并使用。然后，再通过 3D 打印机控制软件把 gcode 文件发送给打印机并控制 3D 打印机的参数，使其完成打印。切片的作用是和 3D 打印机通信。

目前，能适用 3D 打印的三维模型文件格式有很多种，其中 STL 是使用最广泛的一种。STL 是由美国 3D Systems 公司制定的文件格式，大多数 3D 打印系统将 STL 作为标准数据格式，其结构简单，容易获取，大多数的三维图形设计软件都可以直接存储成 STL 文件格式。STL 文件的表现力差，只能记录物体的表面形状，即使利用建模软件制作了模型、颜色、材料及内部结构等信息，在保存 STL 数据时也会消失，打印时要重新完善数据。

三、切片的过程

Cura 是一款通用的切片软件，其切片过程可以分为 5 个步骤：读取模型文件，分层切片，划分打印区域，生成轮廓和填充路径，生成 gcode 文件。

实际上，分层切片这一过程是将三维模型切成一叠二维平面图形。3D 打印是按每一层截面轮廓来打印工件的，故成型前必须在三维模型上用切片软件沿成型的高度方向，按切片层高进行切片处理，提取截面的轮廓。切片的层高决定了成型件的精度。一般来说，切片越厚，打印成型的时间越短，产品越粗糙；反之，切片越薄，打印成型的时间越长，产品的精度越高。

每一层一般是 0.2 mm, 如果想得到更高的打印精度，可以设置较小的层高。但层高设置得过小（比如 0.05 mm）对于打印质量没有任何帮助，而且将花费更长时间。

四、机器设置的详细参数

切片之前应选择切片软件，不同 3D 打印机适合不同的切片软件。以 Cura 软件为例，安装好该软件后，进入首次安装向导，进行机型设置，如图 3-2-2 机器设置的详细参数。

“1 mm 挤出量 E 电机步数”指的是打印机挤出 1 mm 材料所需要的电机步骤。“最大宽度”“最大深度”“最大高度”分别指机器的打印宽度、深度和高度。“挤出机数量”指机器所配备的挤出头的数量，一般有单喷头或双喷头。如果机器配有热床，可打开热床装置。“平台中心 0,0”指机器固件规定打印平台中心为 0,0，而不是平台的左前角。“构建平台的形状”有圆形（Circular）和方形（Square）。

打印头尺寸大小与逐一排队打印有关。逐一排队将平台上的多个模型逐一打印，而不是同时打印。在排队打印多个模型时，用此设置来判断某些模型是否适合排队打印。如果设置不当，就会刮擦到其他横型。

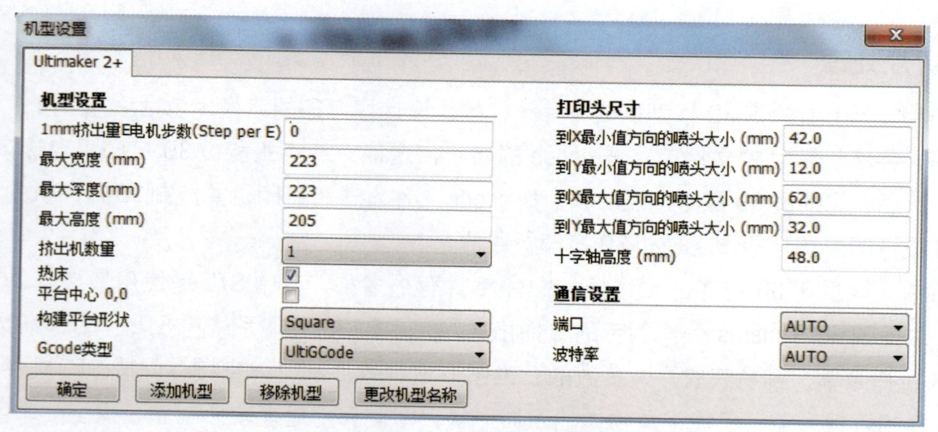

图 3-2-2　机器设置的详细参数

五、Cura 软件的基本界面

选择好机型后，进入 Cura 界面，切换到“快速打印模式”进行最简单的设置，“切换到完整配置模式”可以进行更复杂的设置，如图 3-2-3 所示。

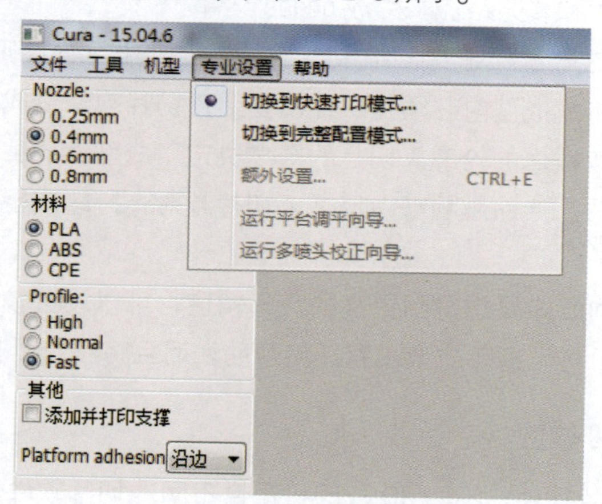

图 3-2-3　选择切换模式

切换到完整模式后，选择“基本”选项卡，可以设置打印质量、填充、速度、温度、支撑、机型等，如图 3-2-4 所示。“层厚”决定了打印质量。一般使用“0.2”，高精度建议使用“0.1”，高速打印低精度建议使用“0.3”。“壁厚”指横向外壁的厚度，一般设置为喷嘴直径的倍数，比如 0.4 mm 的喷嘴，设置 0.8 mm 的壁厚。“开启回退”是指打印头移动到非打印区域时回抽一部分耗材，防止拉丝。

“填充”中的“底层 / 顶层厚度”用来设置顶层和底层的厚度，这个厚度一般设为层厚的倍数。“填充密度”用来控制内部填充的密度，一般设置为“20”，“0”表示空心，这个设置决定了物体的坚固度，不会影响物体外壁的打印。

“温度”指打印喷头的温度。PLA 材料一般使用 210 ℃，ABS 材料使用 230 ℃。温度过低会使出料不顺利，容易堵头，温度过高会使挤出的材料产生气泡和拉丝现象。“速度”指打印时喷头吐丝的速度。要想确保打印质量，应使用较低的打印速度，一般设置为 40 ～ 60 mm/s。

“支撑”指模型在悬空的地方需要的支撑结构。Cura 会根据模型表面的斜度和打印材料自动计算打印模型需要支撑的地方。

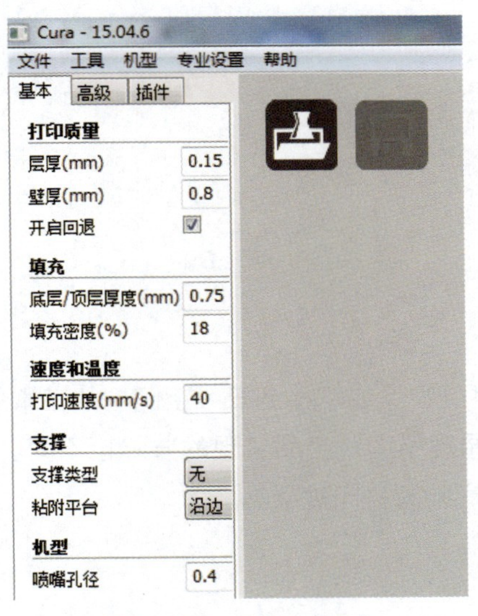

图 3-2-4　基本选项卡

任务小结

1. 分层切片这一过程是将三维模型切片成一叠二维平面图形。

2. 切片过程可以分为 5 个步骤：读取模型文件，分层切片，划分打印区域，生成轮廓和填充路径，生成 gcode。

思考题

1. 3D 打印模型怎样切片？

2. 分层的厚度会影响 3D 打印的精度吗？

任务三　打　印

知识要点

1. 3D 打印的原理。

2. 3D 打印过程。

一、3D 打印的原理

3D 打印机将打印材料逐层喷涂或熔接到三维空间中的基本原理是分层制造再逐层叠加。不同类型的 3D 打印机工作原理不同，产品实现的方式也不同。另外，模型的大小、复杂程度、打印材质和制作工艺也影响着打印过程。

二、3D 打印的过程

启动 3D 打印机，通过数据线、SD 卡等方式把 STL 格式的模型切片得到的 gcode 文件传送给 3D 打印机。同时，装入 3D 打印材料，调试打印平台，设定打印参数，然后打印机开始工作，材料会一层一层地打印出来，层与层之间通过特殊的胶水进行黏合，并按照横截面将图案固定住，最后一层一层叠加起来。就像盖房子一样，砖块是一层一层的，累积起来后，就成了一个立体的房子。

3D 打印机与传统打印机最大的区别在于它使用的“墨水”是实实在在的原材料。

三、3D 打印的操作流程

①平台校正。3D 打印机第一次使用、长期没有使用或者设备搬动后都需要调整打印平台。

②铺美纹纸或贴膜。在打印平台不加热的情况下，将美纹纸粘贴在打印平台上，增加熔丝与平台的黏附力，防止模型翘边。也可以用贴膜，贴膜不用经常更换，更方便。

③退料、进料和更换打印材料。

若 3D 打印机中留有上次打印的材料，则需要预热机器，根据不同材质的熔点数据作相应调整。反向旋转按钮，可将打印材料退出挤出头，然后用手抽出打印材料。进料是退料的相反过程。

在打印过程中，需要更换打印材料时，按一下调节按钮，在液晶显示屏上会出现“暂停”，确认之后，打印机暂停工作。这时可以更换打印材料，之后恢复打印即可。用这种方法可以打印几种颜色的模型，避免模型颜色的单一性。

【想一想】

3D 打印机在打印的过程中有哪些注意事项？

任务小结

1. 3D 打印的原理。
2. 3D 打印的操作流程是怎样的？

思考题

3D 打印机的操作过程中有哪些注意事项？

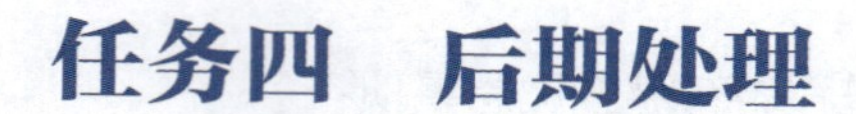

任务四　后期处理

知识要点

1. 3D 打印产品为什么要进行后期处理?
2. 3D 打印产品后期处理一般包含哪些工艺?

一、3D 打印产品为什么要进行后期处理

3D 打印机完成工作后，打印件需要做一些后期处理。比如打印一些悬空结构的 3D 模型，需要有支撑结构顶起来，然后才能打印悬空结构上面的部分。打印完成后，需要去除这部分多余的支撑结构。另外，受打印技术（例如 SLS 金属打印）和材料等的影响，打印出的 3D 产品比较粗糙，边缘会有一些毛刺、飞边。为使产品更加美观和实用，需要对产品进行后期打磨、抛光、上色等处理。

二、3D 打印模型的初步整理

1. 取下模型

3D 打印模型在打印完成后，一定要冷却之后才能将其从打印平台上取下，防止模型变形。模型冷却后，用铲刀沿着模型的底部四周轻轻撬动，不要只朝着一个方向用力，以免损坏模型。如果是冷却过久使模型不能取下，可以直接加热打印平台到 40 ℃左右，让黏合面松动，这样能比较轻松地铲下打印好的模型。

2. 去除支撑

3D 打印机比较容易去除的支撑材料有：可溶于水的凝胶状支撑材料、可溶于碱性溶液的支撑材料、可溶于酒精的支撑材料等。采用这些特殊材料作为支撑结构的 3D 打印模型，只需放入水、碱性溶液、酒精等特定溶液中即可去除支撑。但这些支撑材料一般比模型材料还贵。单喷头的 3D 打印机只能采用一种材料，故这种情况去除支撑只能借助剪刀、斜口钳等工具。大面积支撑可以手工掰除，注意不要用力过猛，否则容易损坏模型。

三、3D 打印模型表面修整

模型打印完成后，表面会有一些毛刺或拉丝。用打火机轻轻燎过模型表面，速度要快，

停留时间要短，就很容易去除拉丝和毛刺。有时表面会比较粗糙，需要打磨。虽然 FDM 技术设备能够制造出高品质的零件，但不得不说，零件上逐层堆积的纹路是肉眼可见的。特别是有大量支撑的情况，要清除支撑留下的边角，处理零件表面的不平。若对零件外观的精致度要求很高，还需要通过砂纸打磨进行物理抛光。

除此之外，还可以对产品进行化学抛光。ABS 材料打印的产品可用丙酮蒸汽进行抛光，将丙酮煮沸熏蒸打印物品，市面上也有抛光机销售；PLA 材料打印的产品不能用丙酮抛光，有专用的 PLA 抛光油。化学抛光以腐蚀产品表面为代价，因此要掌握好度。目前化学抛光的技术还不够成熟，应用较少。

表面喷砂也是常用的后处理工艺，操作人员手持喷嘴朝着抛光对象高速喷射介质小珠从而达到抛光的效果。珠光处理一般比较快，5 ~ 10 min 即可处理完成。处理过后产品表面光滑，有均匀的亚光效果。

四、3D 打印模型上色

除了 3DP 的打印技术可以做到彩色 3D 打印之外，其他工艺一般只能打印单种颜色。根据需要，有时要对打印出来的物件进行上色，例如 ABS 塑料、光敏树脂、尼龙、金属等，不同材料需要使用不一样的颜料。

五、其他处理

有些以粉末为材料的 3D 打印过程完成后，需要一些后续处理措施来加强模具成型强度及延长保存时间，主要包括静置、强制固化、去粉、包覆等。打印过程结束后，将打印的模具静置一段时间，使成型的粉末和黏结剂之间通过交联反应、分子间作用力等固化完全，特别是对于以石膏或者水泥为主要成分的粉末。

【想一想】

3D 产品后处理包含哪些工艺?

任务小结

1. 3D打印的基本流程包括三维模型数据获取（建模）、数据分区切层（切片）、层层堆叠累加构造出实体模型（打印）、后期处理四个过程，如图 3-4-1示。

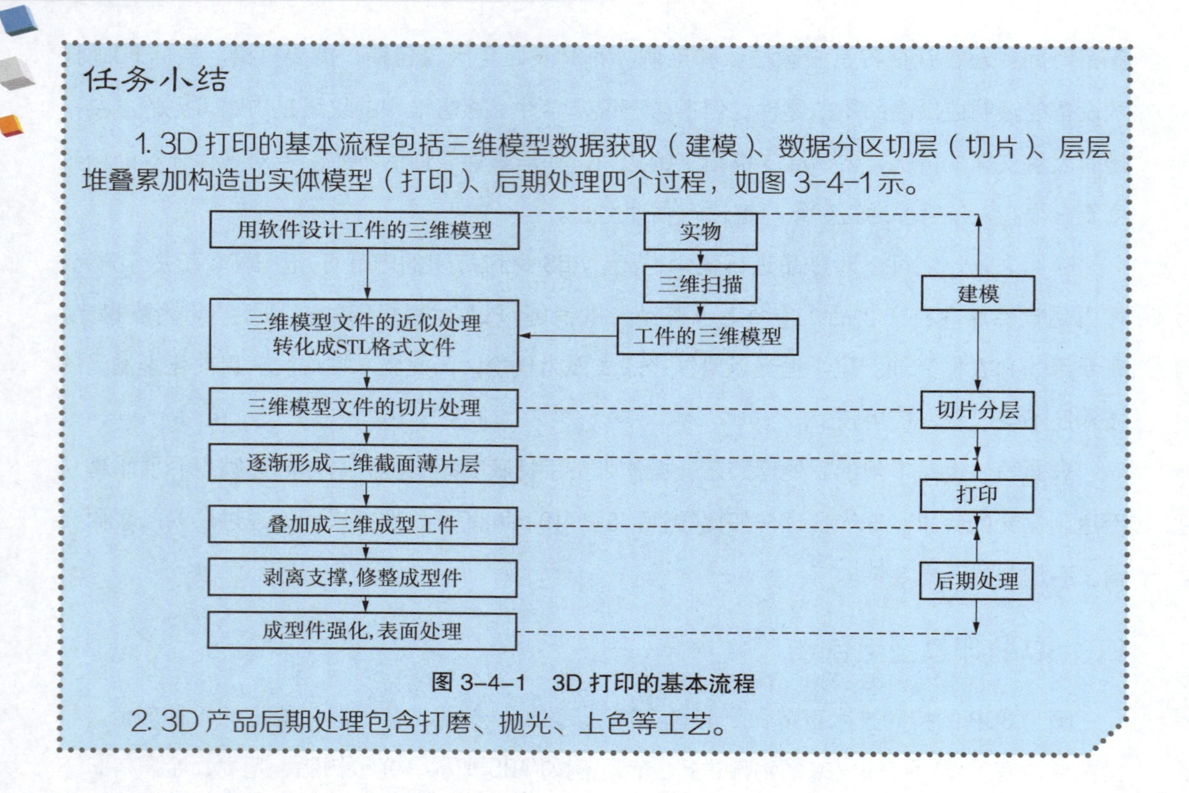

图 3-4-1　3D 打印的基本流程

2. 3D 产品后期处理包含打磨、抛光、上色等工艺。

自我检测

一、填空题

1. 3D 打印的基本流程包括________、________、________、________。

2. 切片的层高决定了成型件的________。一般来说，切片________，则打印成型的时间________，产品越粗糙；反之切片________，打印成型的时间________，产品的精度越高。

3. 3D 打印模型后期处理包含________、________、________等工艺。

二、问答题

1. 3D 打印过程中有哪些注意事项？

2. 3D 打印模型切片中有哪些重要的参数？

项目四　3D 打印材料

目的要求

1. 了解高分子材料在 3D 打印技术中的应用。
2. 了解光敏树脂在 3D 打印技术中的应用。
3. 了解金属材料在 3D 打印技术中的应用。
4. 了解生物材料在 3D 打印技术中的应用。

任务一　认识高分子材料

知识要点

1. 3D 打印技术材料的现状。
2. 高分子材料的分类。
3. 高分子材料在 3D 打印技术中的应用。

【想一想】

1. 在 3D 打印技术中，常用的高分子材料有哪些种类？
2. 用高分子材料打印出的 3D 产品，有哪些特点？

一、3D 打印材料

3D 打印技术在几十年的发展过程中，一直受到打印材料的制约，新材料的开发是其发展的重要推动力。对新材料的开发，主要从以下几个方面入手：一是满足不同用途要求的多品种 3D 打印材料的开发；二是要求材料必须具有优良的加工性能，能快速、精确地成型制件，尽量满足产品对强度、刚度、热稳定性、耐潮湿性等性能的要求；三是材料要有利于后续的处理工艺。

3D 打印材料与普通的塑料、石膏、树脂有所区别，按照物理形态可分为粉末状、丝状、层片状、液态。这些原材料是专门针对 3D 打印设备和工艺而研发的。按化学性能来分，目前已经开发出的材料有高分子材料、光敏树脂、金属材料、无机非金属等材料。另外，彩色石膏材料、人造骨粉、细胞生物原料以及砂糖等食品原料也在 3D 打印领域得到了应用。

不同的 3D 打印机对材料的要求不同。工业级 3D 打印机的价格相对昂贵，目前用于打印的材料比较多，用激光或高能电子束的高温对塑料、金属、尼龙等进行烧结，甚至可以打印木材和玻璃。桌面级 3D 打印机的适用范围相对较小，目前能打印的材料仅限于 ABS、PLA 等塑料材质。

二、高分子材料的种类及其特点

高分子材料是以高分子化合物为基础的材料，种类多、产量大，是最常见的 3D 打印材料。高分子材料种类繁多、性质各异、可塑性强，能制成粉末状、丝状、液态，可实现 3D 打印材料的多样性和专一性。高分子材料熔融温度低、触变性能好，能很好地满足 FDM 打印工艺的需要。高分子材料质量轻，强度高，为打印镂空产品、汽车零部件、运动器材等提供了便利。此外高分子材料价格便宜，在 3D 打印材料中，性价比远高于金属材料。

常用于 3D 打印的高分子材料有 ABS 塑料、尼龙、橡胶、聚乳酸、聚碳酸酯等，它们可作为主体材料直接打印成品。此外，环氧树脂可以作为黏结剂，配合其他材料用于 3D 打印。

1. ABS 塑料

ABS 塑料起步较早，相关研究比较成熟，是 3D 打印最常用的热塑性塑料。ABS 塑料的外观为不透明象牙色粒料，如图 4-1-1 所示，无毒、无味、吸水率低，其制品可着成各种颜色，并具有 90% 的高光泽度。

图 4-1-1　ABS 塑料颗粒（图片来源：百度百科）

ABS 塑料具有优良的力学性能。其冲击强度极好，可以在极低的温度下使用，其耐磨性优良，尺寸稳定性好，又具有耐油性。ABS 耐热性好，没有明显的熔点，在 -40 ~ 85 ℃的范围内可长期使用。ABS 的电绝缘性较好，几乎不受温度、湿度和频率的影响。ABS 加工性能好，且配比和性能可以很好地改变，更加适合灵活多变的打印用途。因此 ABS 已经成为

3D 打印的首选材料。

ABS 塑料广泛用于制造电话机、移动电话、复印机、传真机、玩具及厨房用品等的壳体，也用于制造方向盘、仪表盘、风扇叶片、挡泥板、手柄及扶手等汽车配件，还可用于制造齿轮、泵叶轮、轴承、把手、管材、管件、蓄电池槽及电动工具壳等机械配件。

为进一步提高 ABS 塑料的性能，并使 ABS 塑料更符合 3D 打印的实际应用要求，人们对现有 ABS 塑料进行改性。

ABS 塑料是最早用于熔融沉积成型（FDM）技术的材料，目前也是 FDM 打印工艺领域最常用的耗材。这种材料不但具有 PC 树脂的优良耐热性、尺寸稳定性和耐冲击性能，又具有 ABS 树脂优良的加工流动性。在 3D 打印中，它被应用在加工薄壁及复杂形状的工件时，能保持优异的性能。正常变形温度超过 90 ℃，可进行机械加工（钻孔、攻螺纹）、喷漆及电镀。ABS 工程塑料的颜色种类很多，如白色、黑色、深灰、红色、蓝色等，在汽车、家电、电子消费品领域有广泛的应用，如图 4-1-2 所示的国内首台 3D 打印概念车，外壳用塑料打印而成。目前 ABS 塑料是 3D 打印材料中最稳定的一种。

图 4-1-2 国内首台 3D 打印概念车（图片来源：人民网）

ABS 塑料的打印温度为 210 ~ 240 ℃，这种材料容易打印，一般打印机的挤出机都能滑顺地挤出材料，不必担心堵塞或凝固。但材料具有遇冷收缩的特性，会从加热板上局部脱落、悬空，造成打印模型翘边。为保证打印质量，要使用四面封闭的打印机进行打印，打印房间的温度不能太低。

ABS 塑料最大的缺点是打印时会产生强烈的气味，建议在通风良好的环境下进行打印。

2. 尼龙材料

尼龙材料品种众多，如图 4-1-3 和图 4-1-4 所示是一些常见的尼龙制品。尼龙材料有很好的耐磨性、韧性和抗冲击强度，耐油性好。其不足是在强酸和强碱的条件下不稳定，吸湿性强。

尼龙材料在拉伸强度和柔韧性方面比较好，是成功商品化的 3D 打印材料，制成的 3D 打印产品机械强度良好，且具有较好的弹性和韧性，甚至可以用来打印衣物。尼龙树脂具有更好的黏结性，且容易预制成颗粒均匀的球形微细粉体，可以作为 SLS 工艺中金属和陶瓷粉末的黏结剂，也可以直接用于该技术打印。尼龙材料的不足之处，相比 ABS 和 PC 材料，PA 打

图 4-1-3 尼龙布

图 4-1-4 尼龙网

印件的表面质地相对更粗糙。表 4-1-1 列举了几种常见的 3D 打印 PA 材料，每一种材料都有自己的优势和不足，例如 PA66 纤维具有很高的耐磨损性、很好的拉伸强度且十分坚韧，熔点达到 265 ℃。

表 4-1-1 几种常见的 3D 打印的尼龙材料性能对比

PA 种类	优点	缺点
PA6	弹性好，冲击强度高	吸水率大，打印前需要干燥处理
PA66	耐磨性好，拉伸强度高	熔点高，打印条件要求高
PA610	强度高，耐磨性好	打印产品刚度低，耐冲击性差
PA1010	耐寒性好，吸水小	打印制品半透明，不够美观

英国的欧洲航空防务与航天集团展示了一辆 3D 打印的自行车“Airbike”，如图 4-1-5 所示。Airbike 用尼龙材料制造，打印技术为 SLS（选择性激光烧结），其坚固程度与钢铝材料相当，但质量却比钢铝材料轻 65%。

由于尼龙材料柔韧性能和机械性能良好，密度较低，因而有利于 3D 打印在时尚界的发挥。早在 2011 年，国外 Shapeways 公司就用尼龙材料打印了泳衣和高跟鞋，如图 4-1-6 所示为耐用性尼龙粉末打印的高跟鞋。

图 4-1-5 尼龙材料自行车“Airbike”

图 4-1-6 尼龙材料打印的高跟鞋

3. 橡胶类

橡胶是三大高分子材料（塑料、橡胶、纤维）之一，在工业四大基础原料（天然橡胶、煤炭、钢铁、石油）中，是唯一的可再生资源。天然橡胶从一些植物树汁中提取，合成橡胶由人工合成。目前，橡胶类材料在 3D 打印中应用非常广泛，主要用来打印消费类电子产品、医疗设备、卫生用品及汽车内饰、轮胎等。

4. 聚乳酸（PLA）

聚乳酸是一种可生物降解的热塑性脂肪族聚酯，简称PLA。它来源于玉米、甘蔗、小麦、甜菜等淀粉或糖分等可再生物质，或者麦秆、甘蔗渣等木质纤维素的农业废弃物。在 FDM 打印工艺中，PLA 材料打印出来的样品成型好，不翘边，外观光滑，并且打印无气味，比较环保。如图 4-1-7 所示为用 PLA 材料打印的花瓶。但 PLA 材料的缺点是耐热和耐水解能力较差，PLA 产品在 60 ℃左右开始变形，由于是高温熔融，所以会挥发颗粒，虽然颗粒本身无毒，但长期呼吸还是对人体肺部有一定伤害，所以其 3D 打印空间最好是通风的。

图 4-1-7　PLA 材料打印的花瓶

PLA 和 ABS 塑料两种材料，从外观上不容易鉴别，但 PLA 材料较脆，用手很容易折断，在折断的截面上有类似油脂一样的反光，用火烧一小段，气味柔和。而 ABS 塑料线材具有韧性，需要用剪刀才能剪断，截面密实，用火烧一小段，会产生刺鼻的黑烟。PLA 材料和 ABS 塑料的价格相差不是太大，从环保角度考虑，建议使用 PLA 材料打印。两种材料从后期整理角度上说，ABS 塑料打印完成的模型很容易进行打磨及抛光处理，而 PLA 的 3D 模型如果打磨不当，则会更加粗糙。

5. 聚碳酸酯材料

聚碳酸酯材料（PC）是真正的热塑性材料，具备工程塑料的所有特性：高强度、耐高温、抗冲击、抗弯曲，可以作为最终零部件使用，被广泛用于眼镜片、饮料瓶等各种产品。用 PC 材料打印的 3D 产品，常用于交通工具及家电行业，可以直接装配。图 4-1-8 为 PC 粒料，图 4-1-9 为 PC 制品。PC 材料的强度比 ABS 材料高出 60% 左右，具备超强的工程材料属性，可以用来制造高强度的 3D 打印产品，广泛应用于电子消费品、家电等领域。但 PC 材料也有一些不足，比如价格偏高，颜色单一。为了获得高性价比的 3D 打印材料，可以采用

PC与其他树脂共混的方式。

图4-1-8 PC粒料

图4-1-9 PC制品

三、高分子材料的3D打印工艺

熔融沉积成型（FDM）为热塑性工程材料的主要3D打印手段，其使用的耗材是丝状的材料。如果将材料制备为粉状，也可以使用选择性激光烧结（SLS）工艺。

任务小结

1. 工程塑料有良好的机械强度和耐候性，热稳定性比较理想。

2. 典型的工程塑料有ABS工程塑料、PC类材料。

3. ABS材料强度高，韧性好，耐冲击，色彩众多；PC类材料强度更高，但色彩单一；PC类材料韧性和拉伸性较好，但打印件表面质地粗糙。

思考题

工程塑料在3D打印技术中有哪些运用，各有什么优点和缺点？

任务二　认识光敏树脂

知识要点

1. 光敏树脂的特点。
2. 典型的光敏树脂的种类。
3. 光敏树脂的 3D 打印工艺。

【想一想】

光敏树脂有哪些特点?

一、3D 打印用光敏树脂

光敏树脂是一种在原料状态下为稳定液态的打印材料，这些树脂通常包含聚合物单体、预聚体、紫外光引发剂等成分。它在一定波长的紫外光（250 ~ 300 nm）照射下立刻引起聚合反应，完成固化。因此，这类打印耗材的表干性能很好，成型后表面平滑光洁，产品分辨率高，能够展示出细节。因此，光敏树脂成为高端、艺术类 3D 打印产品的首选材料，如图 4-2-1 所示为光敏树脂打印的工艺品。光敏树脂常用于国内主流 SLA 快速成型设备、大多数进口或国产 DLP 桌面机等。但光敏树脂成本偏高，机械强度、耐热耐候性低于工程塑料，同时存在尺寸精度较低的问题，在一定程度上影响了材料的应用范围。常见的 3D 打印光敏树脂有 SomosNext 材料、树脂 Somos11122 材料、Somos19120 材料和环氧树脂等。

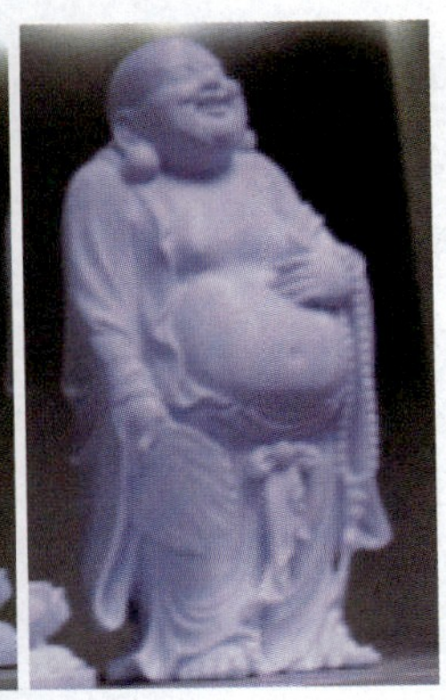

图 4-2-1　光敏树脂打印的工艺品

二、光敏树脂的种类及其特点

光敏树脂有很多分类方式，下面主要介绍其中两种。

（一）按组成和性质分类

1. 环氧树脂

环氧树脂是3D打印中最常见的一种黏结剂，也是最常见的光敏树脂。分子结构中含有环氧基团的高分子化合物统称为环氧树脂。固化后的环氧树脂具有良好的物理、化学性能，对金属和非金属材料的表面具有优异的黏结强度。

环氧树脂因其良好的黏结性、耐热性、耐化学性和电绝缘性，在3D打印中有广泛的应用，常用于金属和非金属材料黏结、电气机械浇注绝缘、电子器具黏合密封和层压成型复合材料、土木及金属表面涂料等。

2. 丙烯酸酯

丙烯酸酯色浅、水白透明、涂膜性能优异，耐光、耐候性佳，耐热、耐过度烘烤，耐化学品性及耐腐蚀性能都很好。

在3D打印中，将陶瓷粉以1∶1的比例与丙烯酸树脂混合后，树脂可起到黏结剂的作用。加入了陶瓷粉的树脂会在一定程度上实现固化，其硬度正好保持实物的形状。

3. DSM Somos 系列光敏树脂

SomosNext为白色材质、类PC新材料，材料韧性非常好，在3D打印领域主要用于航空航天、汽车、生活消费品和电子产品。也可用于制造具有功能性用途的产品原型，比如叶轮、管道、连接器、电子产品外壳、汽车饰件、仪表盘组件等。

DSM Somos系列14120光敏树脂是一种用于SL成型机的高速液态光敏树脂，能制作具有高强度、耐高温、防水等功能的零件。用此材料制作的零部件外观呈乳白色，用于汽车、航天、消费品工业等多个领域。

Somos19120材料为粉红色材质，用于铸造，成型后可代替精密铸造的蜡模原型，避免开发模具的风险。

Somos11122材料看起来像真实透明的塑料，具有优秀的防水性和尺寸稳定性，可用于汽车、医疗以及电子类产品领域。

（二）按材料用途分类

光敏树脂种类繁多，但能够进入实用商业化领域的很少，根据3D打印机来分，主要种类有：SLA工业级光敏树脂、光敏树脂SLA桌面级树脂等。

工业级光敏树脂是针对SLA工业机开发的低黏度液态光敏树脂，能制作耐用、坚硬、防水的功能零件。其优点是固化快速、成型精度高、表面效果好、具有类ABS性能，机械强度高、低气味、耐存储、通用性强等。工业级光敏树脂一般用于国内主流SLA快速成型设备，可用于打印汽车、医疗器械、电子产品和建筑模型等。

光敏树脂SLA桌面级树脂是专门针对桌面机开发的低黏度液态光敏树脂，其优势是固化速度快、成型精度高、低气味、耐存储，可长时间连续打印不沾底，一般用于大多数进口或国产 SLA 桌面机，可用于小件模型、手板、个性化 DIY、3D 教育推广等领域。图 4-2-2 和图 4-2-3 为光敏树脂打印的产品。

图 4-2-2　光敏树脂打印的镂空花瓶

图 4-2-3　光敏树脂打印产品

三、光敏树脂的打印工艺

液态光敏树脂的打印工艺主要有立体平板印刷（SLA），也称为光固化快速成型、立体光刻。该工艺使用液态的光敏树脂作为打印耗材，原理为采用激光束逐点扫描液态光敏树脂使其固化。首先用程序对数字模型进行切片处理，设计扫描路径，从而精确控制激光扫描器和升降台的运动；然后，利用激光束通过数控装置控制的扫描器，按照设计的扫描路径照射到液态光敏树脂表面，使液态光敏树脂在设计的区域固化，从而形成模型的第一层截面；再让升降台下降微小的距离，让固化层上覆盖一层新的液态树脂，进行第二层扫描，第二层固化层将牢固地粘结在前一固化层上，反复进行，从底部逐层生成物体，如图 4-2-4 所示。

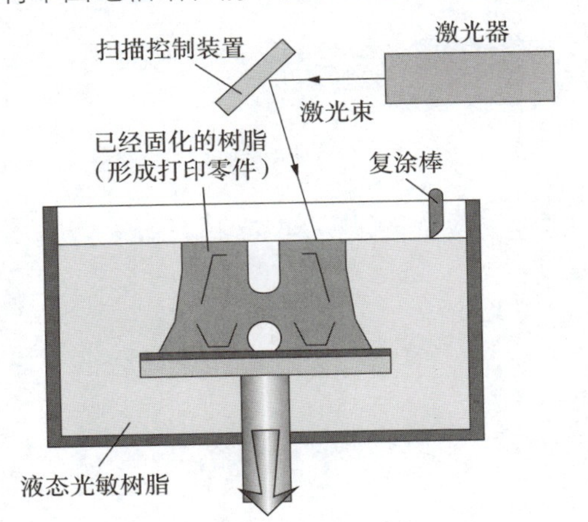

图 4-2-4　液态光敏树脂的 SLA 工艺

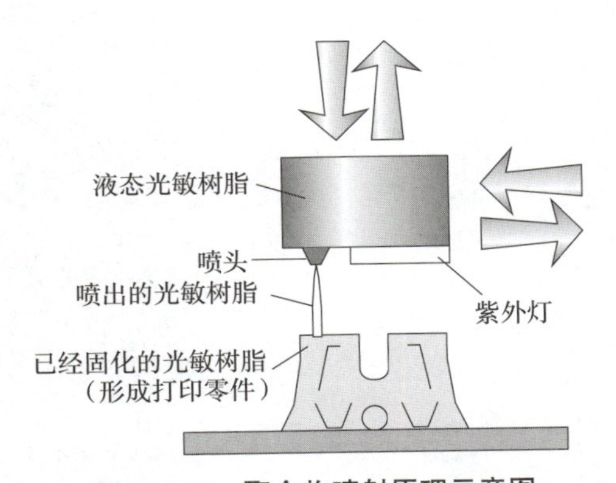

图 4-2-5　聚合物喷射原理示意图

聚合物喷射也是以光敏树脂为打印材料的打印工艺，喷头喷出的是液态的光敏高分子，同时需要一个 UV 紫外灯作为固化源。当光敏聚合材料被喷射到工作台后，UV 紫外灯将沿着喷头工作的方向发射出紫外光对光敏聚合物进行固化。当完成一层的喷射打印和固化后，设备内置的工作台会精准地下降一个成型层厚，喷头继续喷射光敏聚合材料进行下一层的打印和固化，以此循环直到打印完成，如图 4-2-5 所示。

【想一想】

在 3D 打印技术中，光敏树脂主要用于哪些方面?

任务小结

1. 光敏树脂打印的产品成型后表面平滑光洁，产品分辨率高，能够展示出细节。
2. 光敏树脂的打印工艺主要有立体平板印刷和聚合物喷射两种。

思考题

光敏树脂作为 3D 打印的材料，有哪些优缺点?

任务三　认识金属材料

知识要点

1. 3D 打印所用金属材料的特点。
2. 3D 打印所用金属材料的种类。
3. 3D 打印金属材料的工艺。

【想一想】

有哪些金属材料可以用于 3D 打印？

一、金属材料用于 3D 打印的特点

金属材料的力学性能、化学性能和加工性能优异，能满足 3D 打印技术对打印材料高性能的要求。3D 打印技术所用金属材料一般为粉末状，要求纯净度高，球形度好，粒径分布窄，氧含量低。近年来，研究人员一直致力于研究将金属材料用于 3D 打印技术，因此金属材料在航空航天、汽车、生物医药和建筑领域的应用范围逐步拓宽，其方便快捷、材料利用率高等优势不断显现。

二、用于 3D 打印的金属材料的种类

在“2013 年世界 3D 打印技术产业大会”上，世界 3D 打印行业的权威专家对 3D 打印金属粉末给予明确定义，即指直径小于 1 mm 的金属颗粒群，包括单一金属粉末、合金粉末以及具有金属性质的某些难熔化合物粉末。目前，用于 3D 打印技术的金属材料有钛合金、钴铬合金、不锈钢和铝合金材料等，用于打印首饰的材料有金、银等贵金属粉末。

1. 铝及铝合金

铝是自然界分布最广的金属元素。铝合金是以铝为基础，加入一种或几种其他元素（如铜、镁、硅、锰、锌等）构成的合金，还可以经过热处理或冷变形加工等方法进一步提高强度。铝合金耐腐蚀性能较好，可用于制造某些结构零件。

铝的优点是熔点低，密度小，可强化，塑性好，易加工，抗腐蚀。同时，铝应用在 3D 打印中也有缺陷。一是加工安全性低，因铝的化学活性高，被制成粉末后，极易燃烧，甚至发生爆炸。二是铝的强度低，机械性能不佳。三是铝暴露在空气中易氧化，导致烧结困难。

铝及铝合金铸造技术在军工、航空航天、汽车制造等领域已被广泛应用，如图 4-3-1 所

示为铝制航天级支架。但受工艺和技术的制约，铸造铝合金在制造过程中存在一些不足。3D打印技术很好地解决了铸造工艺中错边、尺寸不符、气孔、夹渣、针孔等不足。

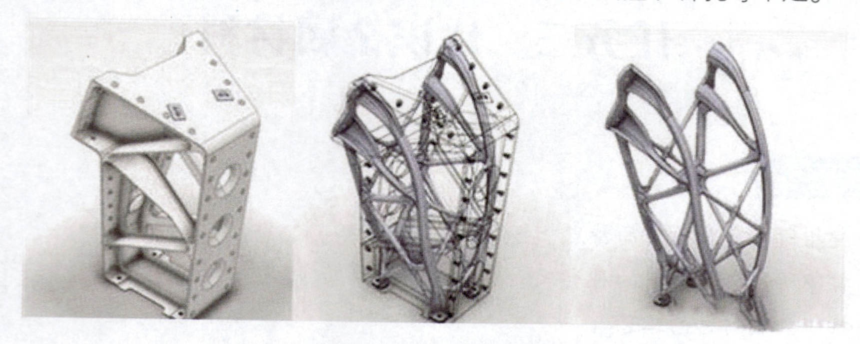

图 4-3-1　铝制航天级支架

2. 钛合金

钛合金材料具有耐高温、耐腐蚀性、强度高、密度低、生物相容性好等优点，因此在医疗领域有广泛的应用，成为人工关节、骨创伤、脊柱矫形内固定系统、牙齿等医用产品的首选材料。将钛合金金属粉末用 3D 打印技术打印出的产品有个性化的假体假骨、牙冠、牙桥、舌侧正畸托槽、假牙支架等。图 4-3-2 为钛合金打印的下颌骨，图 4-3-3 为钛合金制作的医疗植入物。

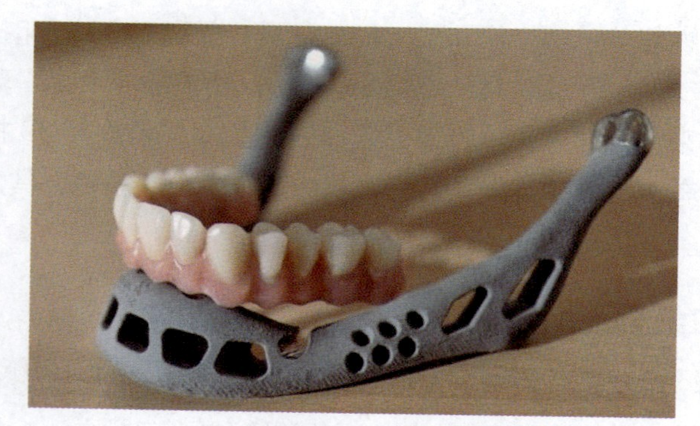

图 4-3-2　钛合金下颌骨

图 4-3-3　钛合金制作的医疗植入物

由于钛合金优异的力学性能，低密度，以及良好的耐腐蚀性，钛合金在航天航空领域的使用得到了迅速的发展。驾驶员座舱和通风道的部件、飞机起落架的支架、机翼等飞机零部件都可以通过 3D 打印来生产，如图 4-3-4 为 3D 打印的飞机主风挡窗的钛框，图 4-3-5 是钛金属飞机机翼部件。采用 3D 打印技术制造的钛合金零部件，不但强度非常高，而且尺寸精确，能制作的最小尺寸可达 1 mm。

图 4-3-4　3D 打印的飞机主风挡窗的钛框

图 4-3-5　钛金属飞机机翼部件（图片来源：西北工业大学）

3. 钴铬合金

钴铬合金的主要成分是钴和铬，它的抗腐蚀性能和机械性能都非常优异，用其制作的零件强度高、耐高温，且有杰出的生物相容性，最早用于制作人体关节，现在已广泛应用于口腔领域。由于其不含对人体有害的镍元素与铍元素，3D 打印个性化定制的钴铬合金烤瓷牙已成为非贵金属烤瓷的首选。

4. 不锈钢材料

不锈钢材料是一种加入了铜成分的不锈钢粉，是 3D 打印经常使用的金属粉末材料，其粉末成型性好、制备工艺简单且成本低廉，是价格最便宜的一种金属打印材料。这种材料的特点是耐空气、蒸汽、水等弱腐蚀性介质，以及耐酸、碱、盐等化学浸蚀性介质。3D 打印用的不锈钢模型具有较高的强度，而且适合打印尺寸较大的物品。不锈钢材料一般为银白色，熔点为 660 ℃。

5. 液态金属

液态金属指的是一种不定型金属。用于 3D 打印的液态金属通常由镓和铟的合金组成，这两种金属无毒且能在室温下保持液态，于 2013 年由美国北卡罗来纳州大学的研究人员开发。当液态金属被暴露在空气中时，材料的表面会硬化，但内部仍然保持液态，这也就是其能够保持柔性的原因。镓具有金属导电性，其黏度类似于汞，但又不同于汞，既不含毒性，又不会蒸发，可用于柔性和伸缩性的电子产品，也就意味着将来有可能采用类似技术，利用 3D 打印机制作液态金属电路板。

三、金属材料的3D打印工艺

金属材料一般用于工业级别的机型，就成型技术来说，选择激光烧结技术（SLS）、直接金属激光烧结技术（DMLS）、电子束熔融技术（EBM）都有相对应的金属材料。这些成型技术一般需要使用粉末状材料。目前，金属球形粉末3D打印的相关设备与材料的核心技术被美国、德国等控制。近年来，我国在金属3D打印设备、制造工艺、过程控制、工艺稳定性等方面也取得显著进展，但材料方面的瓶颈问题一直没有取得重大突破，特别是超细3D打印难熔金属球形粉末在材料纯度、球形度、球化率以及批次稳定性等指标上，与发达国家有较大差距，难以满足我国航空航天等高端制造业的迫切需求。

【想一想】

在3D打印技术中，金属材料主要用于哪些领域？

任务小结

1. 金属材料一般具有耐高温、耐腐蚀性、强度高、密度低等优势。
2. 金属材料的打印工艺。

思考题

1. 金属材料作为3D打印的材料，其打印工艺有哪些？
2. 金属材料的打印工艺方面，与发达国家相比，我国应迫切解决哪些问题？

任务四　认识生物材料

知识要点

1. 什么是生物材料？
2. 3D 打印所用的生物材料的种类及特点。
3. 生物材料的打印工艺。

【想一想】

3D 打印所用的材料有哪些种类，分别有什么特点？

一、生物材料的发展现状

随着 3D 打印技术的发展，3D 打印产品在人们生活中的运用越来越广泛。3D 打印所生产的生物材料主要用于人体，所以应该环保健康，具有良好的生物相容性、化学稳定性、可加工性。生物材料的相容性是指材料和活体之间的相互关系，主要包括血液相容性和组织相容性，即生物材料在人体内无不良反应，不引起凝血、溶血现象，活体组织不发生炎症、排异、致癌等。化学稳定性指生物材料在活体内能够长期使用，在发挥医疗功能的同时要耐生物腐蚀、耐生物老化或具生物降解性。

3D 打印与医学、组织工程学相结合，可制造出药物、人工器官等用于治疗疾病。加拿大目前在研发“骨骼打印机”，将人造骨粉转变成精密的骨骼组织。

美国宾夕法尼亚大学 2012 年用改进的 3D 打印技术打印出了生肉，这种利用糖、蛋白质、脂肪、肌肉细胞等原材料打印出的肉具有和真正的肉类相似的口感和纹理，就连肉里的微细血管都能打印出来。

食品方面，目前，砂糖 3D 打印机可通过喷射加热过的砂糖直接做出具有各种形状、美观又美味的甜品。

二、生物材料的种类

常见的 3D 打印生物材料主要有干细胞、生物细胞、聚已内酯（PCL）、硅胶等。

1. 干细胞材料

干细胞是人体内具有自我更新、高度增殖和多向分化潜能的原始细胞，具有再生人体各种组织器官的潜在功能，医学界称为“万用细胞”。简单来讲，这些细胞可通过分裂维持自身细胞的特性和大小，又可进一步分化为各种组织细胞，从而在疾病治疗、美容抗衰等方面发挥神奇作用。科学家已能够在体外鉴别、分离、纯化、扩增和培养人体坯胎干细胞，并以这样的干细胞为“种子”，培育出一些人的组织器官。

3D 打印技术，将有助于制造出更精确的人体组织模型，未来有望用患者自己的细胞制造 3D 器官供移植使用，从而实现人体器官再造。采用 3D 打印技术研发人体器官已成为未来 3D 打印行业发展的一大方向。英国布里斯托大学的一个团队开发了一种有效的生物墨水，可以完美地让干细胞在 3D 打印的软骨和骨骼植入物中维持生长，如图 4-4-1 所示。

图 4-4-1 渗透生物墨水进行生物 3D 打印

2. 生物细胞

生物细胞是构成生物体的基本单元，因来源于生物体，其生物兼容性十分优异，因此用于细胞克隆有着其他材料无法替代的优势。生物细胞打印出的生物器官可直接用于生物体，可应用于医学领域。但由于其对培养环境要求非常高，因此生物细胞作为实际打印材料的使用存在一定的难度。

目前我国的生物细胞 3D 打印技术处于国际领先水平，已成功研制出打印多种细胞及复合基质的 3D 生物打印机。徐铭恩教授领导研发了国际领先的 Regenovo 3D-bioprinter 系列生物三维打印装备，可直接打印人体活细胞。以这些细胞为基础，打印机还可打印诸如骨骼修复器件、人工器官等生物材料。

3. 聚已内酯（PCL）

聚已内酯（PCL）是一种生物可降解聚酯，熔点较低，只有 60 ℃左右。与大部分生物材料一样，它也是符合 FDA 认证可食品接触的材料。人们常常把它用作特殊用途，如药物传输设备、缝合剂等。在 3D 打印中，PCL 主要用于 FDM 打印机。由于它熔点低，所以并不需要很高的打印温度，从而达到节能的目的。同时，也可以有效避免人员操作时被烫伤。3D 打印的 PCL 支架已经被证明能与多种细胞共培养，这一研究成果为将细胞与材料混合，共同打印出生物组织奠定了基础。四川大学研究人员表示，借助 3D 打印技术，临床医生可以制造不同尺寸、特定形状和孔隙度的支架，如图 4-4-2 所示生物降解 3D 打印支架可用于小儿心脏手术。而 PCL 具有高结晶度和低熔点，是 3D 打印支架合适的材料。

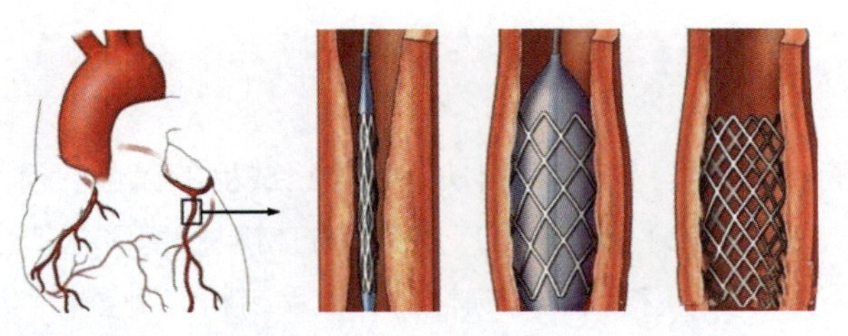

图 4-4-2　生物降解 3D 打印支架可用于小儿心脏手术

三、生物材料 3D 打印工艺

生物材料 3D 打印的技术手段主要有喷墨生物打印和注射式生物打印。两者在打印产品的表面分辨率、细胞存活率以及生物活性材料选用等方面具有不同特点。3D 喷墨打印机从传统的 2D 打印机发展而来，只是利用生物材料代替打印墨水，利用一个可升降的平台替代纸张，可实现连续和按需喷射。注射式生物 3D 打印直接采用压缩空气，或通过压缩空气直线电动机推动的活塞将注射筒中的生物材料连续挤出，注射式的喷头设计可处理高浓度的细胞悬浮液。近年来，研究人员开发了基于瓣膜的双喷嘴打印机，如图 4-4-3 所示，用于打印高质量的细胞，包括打印首个用于组织再生的胚胎干细胞。

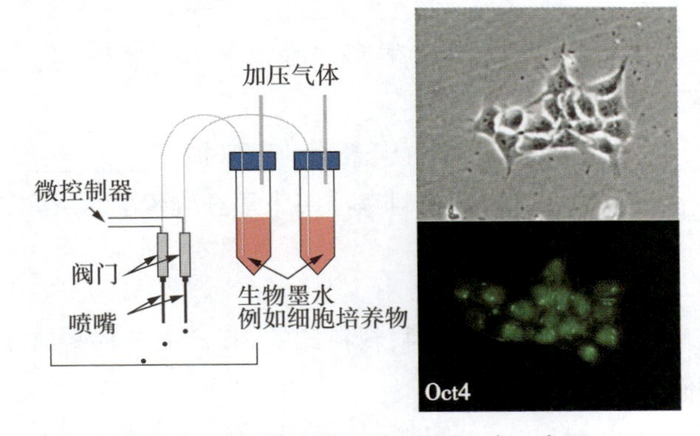

图 4-4-3　双喷嘴细胞打印系统示意图

任务小结

1. 生物材料具有良好的生物可降解性、生物相容性。
2. 生物材料在生物医药等领域有广泛的应用。

思考题

1. 生物材料有哪些优点和缺点?
2. 生物材料有哪些应用?

小结

3D 打印技术的重点在其材料，材料决定了最终成品的属性。目前，3D 打印工艺实际应用领域逐渐增多，从成分上来说，广泛使用的材料涵盖了生产生活中的各类材料，如工程塑料、光敏树脂、金属材料、生物材料、食品材料、陶瓷材料等；从形态上来说，包含液态光敏树脂、薄材、丝状材料和粉末材料。但总的来说，3D 打印的材料供给并不乐观，成为制约 3D 打印进一步发展的技术瓶颈。目前，国内在 3D 打印原材料方面缺少相关标准，加之生产 3D 打印材料的企业很少，特别是金属材料方面，仍依赖进口，导致 3D 打印产品成本较高，影响其产业化进程。

自我检测

一、填空题

1. 金属材料的种类有________、________、________等。

2. 金属材料一般用于________机型，就成型技术来说，选择________技术、________技术、________技术，都有相对应的金属材料。

3. PLA 是一种________的热塑性脂肪族聚酯，它来源于________、________、小麦、甜菜等淀粉或糖分等，也可以是________、甘蔗渣等木质纤维素的。

二、问答题

1. 钛合金材料有哪些优点，用钛合金材料打印的 3D 产品有哪些特点?

2. ABS 材料打印有哪些优点和缺点?

3. 怎样鉴别 PLA 和 ABS 材料?

项目五　3D 建模

目的要求

1. 了解 3D 建模的概念及其方法。
2. 认识正向建模和逆向建模。
3. 了解常用的建模软件。

任务一　认识正向建模

知识要点

1. 什么是 3D 建模？
2. 正向建模是怎么回事？

【想一想】

3D 打印与 3D 建模有什么关系？

一、3D 建模

“3D 建模”通俗来讲，就是通过三维制作软件在虚拟三维空间构建出具有三维数据的模型。

3D 建模大概可分为 NURBS 和多边形网格。

NURBS 对要求精细、弹性与复杂的模型有较好的应用，适合量化生产用途。多边形网格建模是靠拉面方式，适合做效果图与复杂场景动画。

按使用方式的不同，现有的建模技术主要可以分为几何造型、扫描设备、基于图像等方法。

1. 基于几何造型的建模技术

基于几何造型的建模技术是由专业人员通过使用专业软件（如 AutoCAD、3dsmax、Maya）等工具，运用计算机图形学与美术方面的知识，搭建出物体的三维模型，有点类似于画家作画。这种造型方式主要有线框模型、表面模型与实体模型三种。

①线框模型只有“线”的概念，使用一些顶点和棱边来表示物体。房屋设计、零件设计等更关注结构信息，对显示效果要求不高的计算机辅助设计（CAD），其线框模型以其简单、方便的优势得到较广泛的应用。AutoCAD 软件是一个较好的造型工具。但这种方法很难表示物体的外观，应用范围受到限制。

②相对于线框模型来说，表面模型引入了“面”的概念。对于大多数应用来说，用户仅限于“看”的层面。看得见的物体表面，是用户关注的，而看不见的物体内部，则是用户不关心的。因此，表面模型通过使用一些参数化的面片来逼近真实物体的表面，就可以很好地表现出物体的外观。这种方式以其优秀的视觉效果被广泛应用于电影、游戏等行业中，也是我们平时接触最多的。3dsmax、Maya 等工具在这方面有较优秀的表现。

③相对于表面模型来说，实体模型又引入了“体”的概念，在构建了物体表面的同时，深入到物体内部，形成物体的“体模型”，这种建模方法被应用于医学影像、科学数据可视化等专业应用中。

2. 利用三维扫描仪

理论上说，对于任何应用情况，只要有了方便的建模工具，有水平的建模大师都可以用几何造型技术达到很好的效果。然而，科技在发展，人们总希望机器能够帮助人干更多的事。于是，人们发明了一些专门用于建模的自动工具设备，称为三维扫描仪。它能够自动构建出物体的三维模型，并且精度非常高，主要应用于专业场合，当然其价格也非常“专业”，一套三维扫描仪价格动辄数十万元，并非普通用户可以承受的。三维扫描仪有接触式与非接触式之分。

①接触式三维扫描仪：需要扫描仪接触到被扫描物体。它主要使用压电传感器捕捉物体的表面信息，这种设备价格较便宜，但使用不方便，已经不是主流。

②非接触式三维扫描仪：不接触被扫描物体就可捕捉到物体表面的三维信息。根据使用传感器的不同，有超声波、电磁、光学等多种不同类型。其中，光学类型有结构简单、精度高、工作范围大等优点，得到了广泛的应用。激光扫描仪、结构光扫描仪技术是当今较主流的方向，其扫描结果可以达到非常高的精度。

总的来说，三维扫描仪以其高精度的优势而得到应用，但由于传感器容易受到噪声干扰，还需要进行一些后期的专业处理，如删除散乱点、点云网格化、模型补洞、模型简化等。

3. 基于图像的建模技术

专业的三维扫描仪虽然可以弥补几何建模需要大量人工操作的麻烦，并且可以达到很高的建模精度，但其昂贵的设备费用、专业的操作步骤，使它无法得到很好地推广，并且，它只可以得到物体表面的几何信息，仍旧无法自动获得表面纹理。针对这些问题，计算机领域的专家们结合了最近发展的计算机图形学与计算机视觉领域的知识，实现了基于图像的建模技术（Image Based Modeling）。这种技术只需使用普通的数码相机拍摄物体在多个角度下的照片，经过自动重构，就可以获得物体精确的三维模型。而通过使用图像中不同的信息，这种技术又可以分成以下几类：

①使用纹理信息：通过在多幅图像中搜索相似的纹理特征区域，重构得到物体的三维特征点云，它可以得到较高精度的模型，对于纹理特征比较容易提取的建筑物等规则物体效果较好，不规则物体的建模效果不理想。

②使用轮廓信息：这种方法通过分析图像中物体的轮廓信息，自动得到物体的三维模型，这种方法鲁棒性较高，但是从轮廓恢复物体完全的表面几何信息是一个病态问题，不能得到很好的精度，特别是物体表面存在凹陷的细节，由于在轮廓中无法体现，三维模型中会丢失。这种方法比较适用于对精度要求不是很高的场合，如游戏、人机工效等。

③使用颜色信息：这种方法基于 Lambertian 漫反射模型理论，它假设物体表面点在各个视角下颜色基本一致。因此，根据多张图像颜色的一致性信息，重构得到物体的三维模型，这种方法精度较高，但由于物体表面颜色对环境非常敏感，这些方法对采集环境的光照等要求比较苛刻，鲁棒性也受到影响。

④使用阴影信息：这种方法通过分析物体在光照下产生的阴影，进行三维建模。它能够得到较高精度的三维模型，但对光照的要求更为苛刻，不利于实用。

⑤使用光照信息：这种方法给物体打上近距离的强光，通过分析物体表面光反射的强度分布，运用双向反射比函数（Bidirectional Reflectance Distribution Function）等模型，分析得到物体的表面法向，从而得到物体表面三维点面信息。这种方法建模精度较高，而且对缺少纹理、颜色信息（如瓷器、玉器）等其他方法无法处理的情况非常有效，但其采集过程比较麻烦，鲁棒性也不高。

⑥混合使用多种信息：这种方法综合使用物体表面的轮廓、颜色、阴影等信息，提高了建模的精度，但多种信息的融合使用比较困难，系统的鲁棒性问题无法根本解决。

第一种属于正向建模，后两种则属于逆向建模。

二、常用正向建模软件

（一）3D One

3D One 是一款专为中小学素质教育开发打造的 3D 设计软件，其界面简洁、功能强大、操作简单、易于上手。随着 3D 打印在中小学教育中的迅速兴起，3D One 软件因其独特的优势，得到了越来越广泛的使用，实现了 3D 设计和 3D 打印软件的直接连接，让老师教学更立体化，学生学习更轻松！

3D One 的设计界面非常简洁、美观，这种洋溢着满满舒适度的交互界面，让工作者在设计过程中变得更加愉悦与轻松。3D One 工作界面如图 5-1-1 所示，主要包括菜单栏、标题栏、本地/网络资源库、浮动工具栏、工作区、视图导航器和命令工具栏几大类。

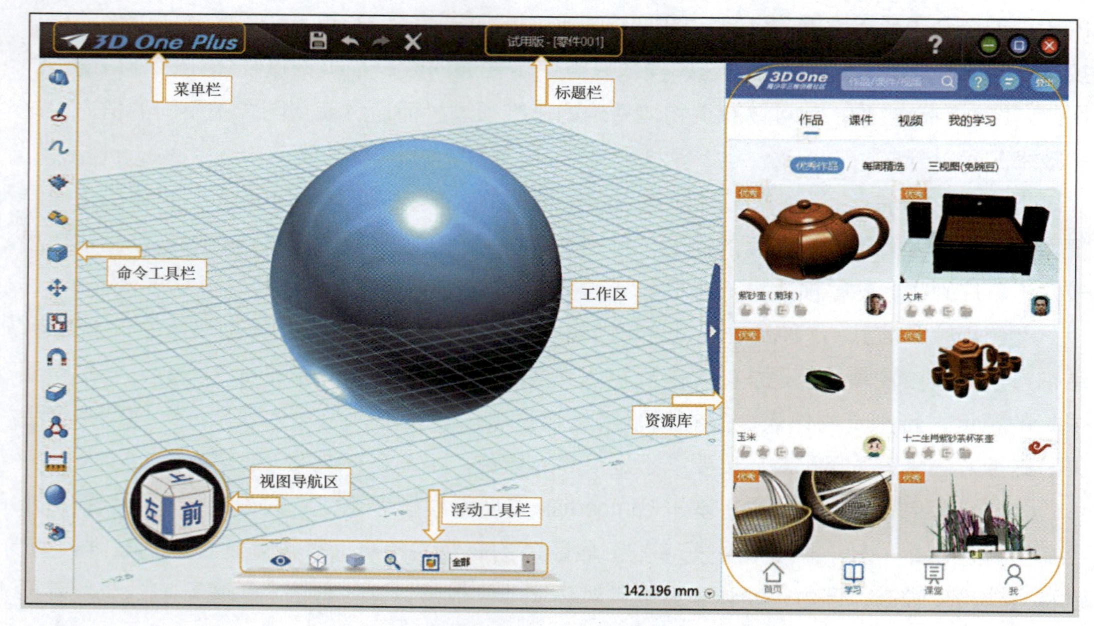

图 5-1-1　3D One 工作界面

（1）菜单栏

菜单栏如图 5-1-2 所示，主要功能有文件新建、打开、导入、导出和保存等。

图 5-1-2　菜单栏

（2）工具栏

工具栏位于 3D One 工作界面最左边，它包含多种多样制作模型的命令，如图 5-1-3 所示，由基本实体、草图绘制、草图编辑、特征造型、特殊功能、基本编辑、自动吸附、组合编辑、组、距离测量、颜色（渲染）等十几项功能组成。

图 5-1-3　工具栏

（3）视图导航器

视图导航器可以调节工作区的角度，从多个角度去观察绘制的模型，如图 5-1-4 所示。

图 5-1-4　视图导航器

（4）浮动工具栏

浮动工具栏位于 3D One 工作界面正下方，工具栏里包含查看视图、渲染模式、显示 / 隐藏、整图缩放、3D 打印等几项功能，如图 5-1-5 所示。

图 5-1-5　浮动工具栏

（5）标题栏、资源库、工作区

标题栏主要显示当前编辑模型的名称；资源库提供本地和网络的模型预览和下载，包含有模型库、视觉样式、学习与帮助。

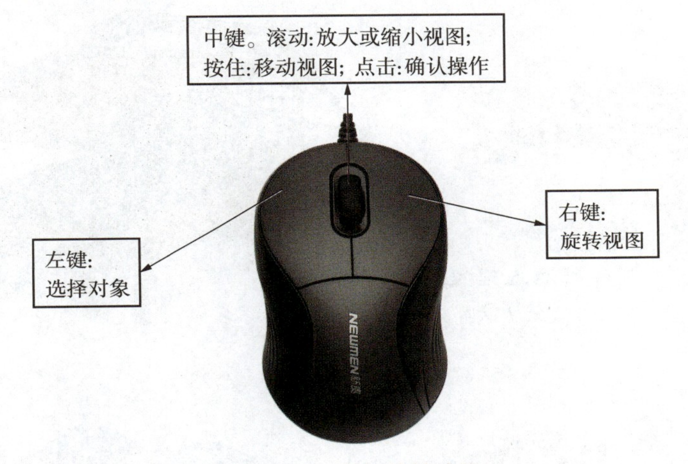

图 5-1-6　鼠标按键功能

3D One 不仅为用户提供了常规的建模方式，还提供了丰富的特殊变形功能，这促使 3D One 三维设计可以应用于航空航天、机械、建筑工程、家具、室内装修等多个领域，同时，也增添了初学者学习的简易型产品。即使中小学生，也能轻松便捷地通过 3D One 表达自己的创意设想，如图 5-1-7 所示。

3D One 软件具体建模过程以及方法会在本书后面章节讲述以及在专门课程中学习，此处不再加以赘述。

（二）UG NX

1. UG NX 简介

UG NX 软件是美国 EDS 公司（现已被西门子公司收购）开发的一套 CAD/CAM/CAE/PDM/PLM 于一体的软件集成系统，它集合了概念设计、工程设计、分析与加工制造的功能，实现了优化设计与产品生产过程的组合。UG 是当今世界最先进的计算机辅助软件、分析和制造软件，广泛应用于航空航天、汽车、造船、通用机械和电子等工业领域。

① CAD 模块使工程设计及制图完全自动化，主要功能有实体建模、特征建模、自由形状建模、工程制图、装配建模等。

② CAM 功能为现代机床提供了 NC 编程，用来描述机床加工部件的过程。

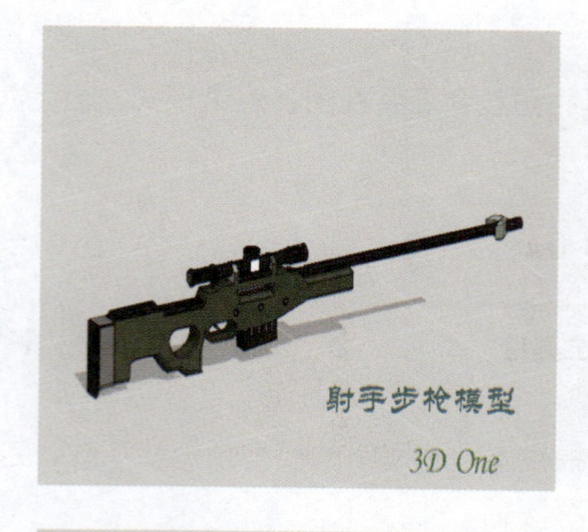

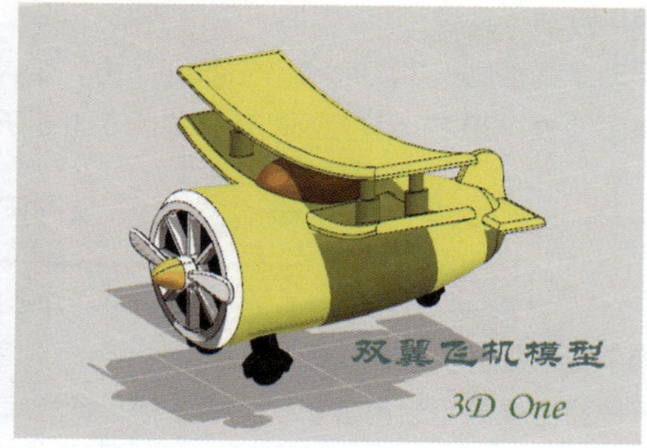

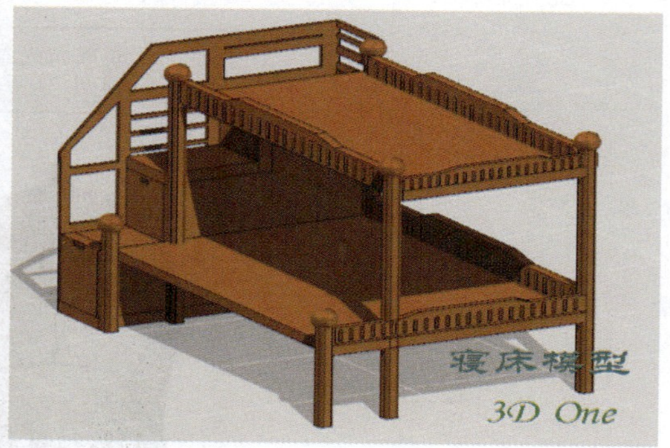

图 5-1-7　3D One 建模实例展示

③ CAE 功能提供了产品、装配和部件性能模拟等功能。

④ PDM/PLM 功能用来管理所有与产品相关信息、相关过程的技术以及应用于从产品概念设计到产品使用生命结束过程中产品信息的协同产生、管理、分发和使用。

多年来，UG NX 软件一直在支持美国通用汽车公司实施目前全球最大的虚拟产品开发项目，并在全球汽车行业得到了广泛的应用。UG 主要客户包括通用汽车、通用电气、福特、波音麦道、洛克希德、劳斯莱斯、惠普发动机、日产、克莱斯勒以及美国军方。几乎所有飞机发动机和大部分汽车发动机都采用 UG 进行设计，充分体现了 UG 在高端工程领域，特别是军工领域的强大实力，如图 5-1-8 所示。

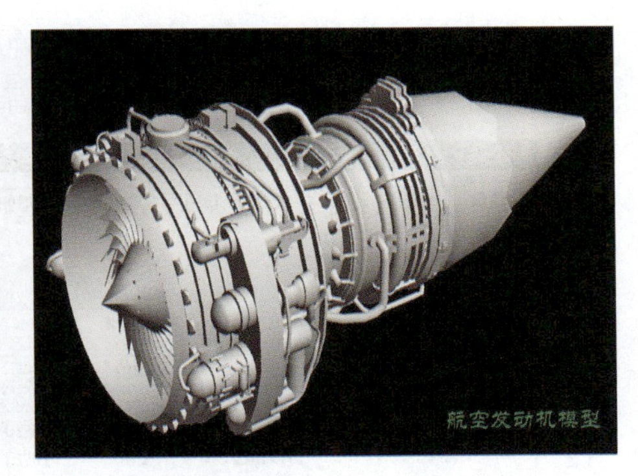

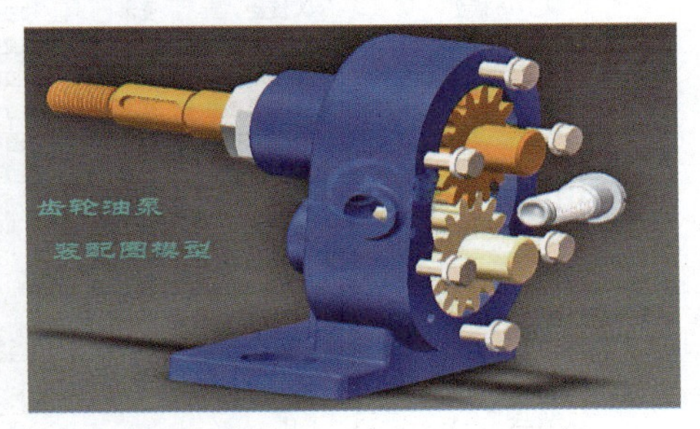

图 5-1-8　UG NX 在各领域的设计应用

2. 快速入门

在电脑桌面或者在电脑桌面上左下角“所有程序”中找到 UG NX 图标（此处以 UG NX8.5 为例），双击打开，进入如图 5-1-9 所示界面。

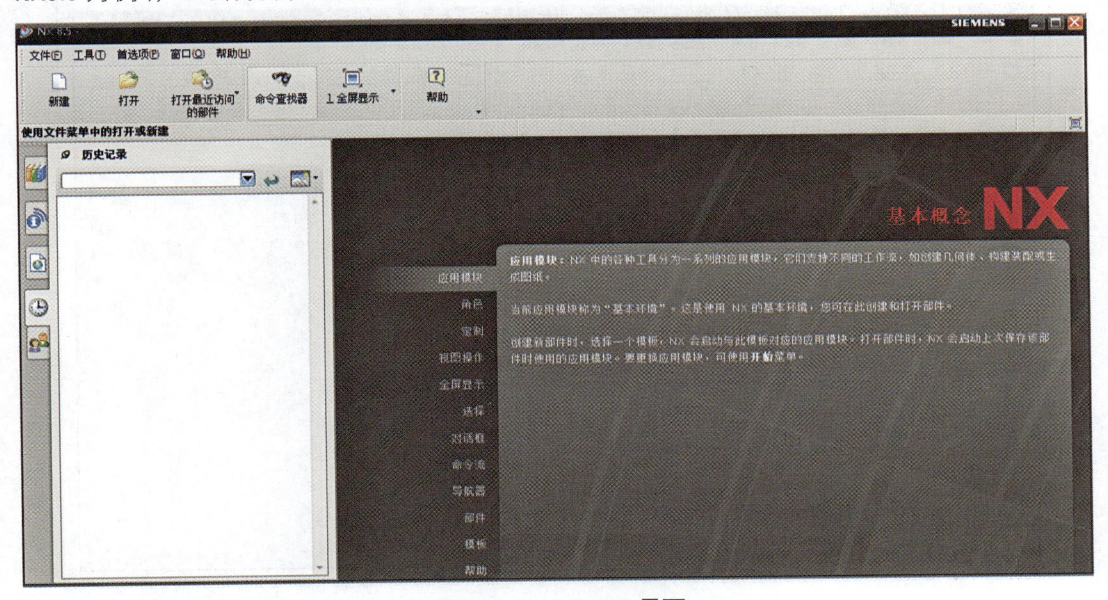

图 5-1-9　UG NX 界面

单击图 5-1-9 所示界面左上角“新建”图标，弹出窗口如图 5-1-10 所示，长度单位默认为“毫米”，名称默认为“模型”，类型默认为“建模”，不用作更改。“名称”和“文件夹”可以更改，UG NX8.5 中“名称”和“文件夹”只能使用英文字母组合，汉字不能被软件读取。单击“确定”按钮进入 UG NX 建模界面，如图 5-1-11 所示。

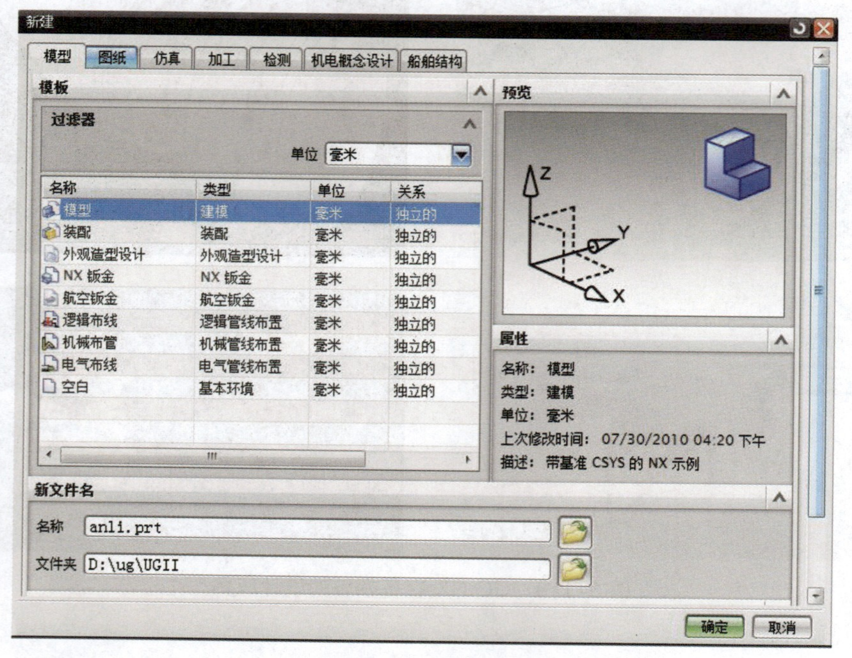

图 5-1-10 新建窗口

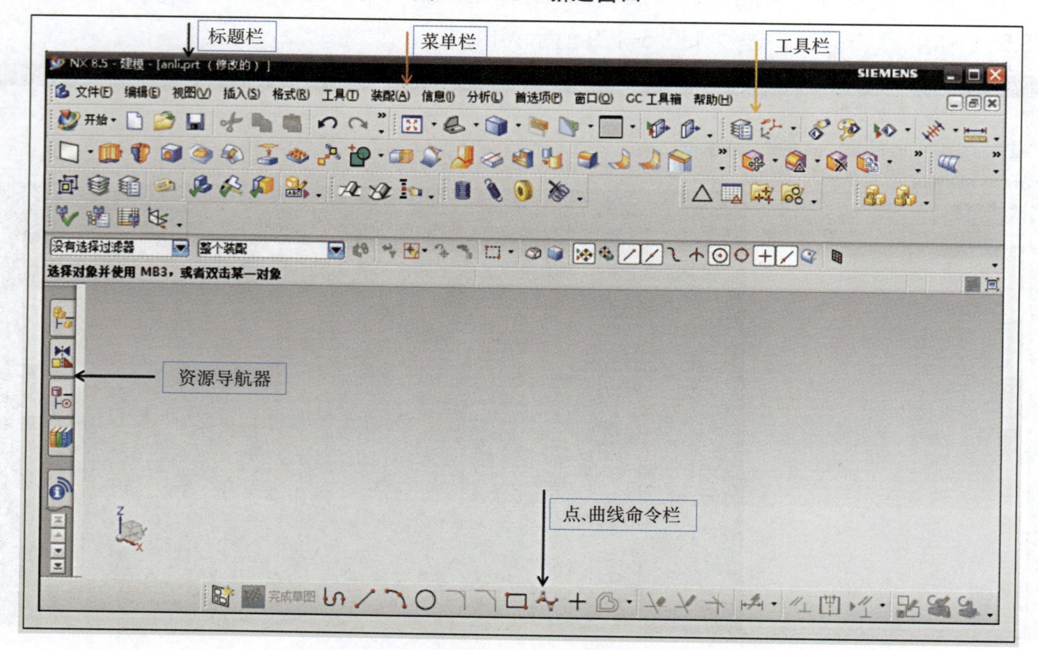

图 5-1-11 建模界面

UG 基本界面主要由标题栏、菜单栏、工具栏、绘图区、坐标系图标、提示栏、状态栏和资源导航器等部分组成。

（1）标题栏

标题栏位于 UG NX 用户界面的最上方，用来显示软件名称及版本号，以及当前的模块和文件名等信息。

（2）菜单栏

菜单栏位于标题栏的下方，包括了该软件的主要功能，每一项对应一个 UG NX 的功能类别。它们分别是文件、编辑、视图、插入、格式、工具、装配、信息等。每个菜单标题提供一个下拉式选项菜单，菜单中会显示所有与该功能有关的命令选项。

（3）工具栏

UG NX 有很多工具栏供选择，当启动默认设置时，系统只显示其中的几个。工具栏有许多图标，每个图标代表一个功能。UG 各功能模块提供了许多使用方便的工具栏，用户还可以根据自己的需要及显示屏的大小对工具栏图标进行设置。

（4）状态栏

状态栏位于提示栏的右方，显示有关当前选项的信息或最近完成的功能信息，这些信息不需要回应。

（5）提示栏

提示栏主要用于提示用户如何操作，是用户与计算机信息交互的主要窗口之一。

（6）绘图区

绘图区是 UG 创建、显示和编辑图形的区域，也是进行结果分析和模拟仿真的窗口，相当于工程人员平时使用的绘图板。

（7）资源导航器

资源导航器用于浏览编辑创建的草图、基准平面、特征和历史记录等。在默认情况下，

图 5-1-12　UG NX 建模图例

资源导航器位于窗口的左侧。通过选择资源导航器上的图标可以调用装配导航器、部件导航器、操作导航器、因特网、帮助和历史记录等。

UG NX 软件具体建模过程以及方法，会有专门的课程学习，此处不再加以赘述。在此，附上几张 UG NX 建模的图例（生活中常见物品），如图 5-1-12 所示。

（三）其他三维设计软件

1.3DS MAX

3DS MAX（3-Dimension Studio Max）是 Discreet 公司（后被 Autodesk 公司合并）开发的基于 PC 系统的三维动画渲染和制作软件，其前身是基于 DOS 操作系统的 3D Studio 系列软件。在 Windows NT 出现以前，工业级的 CG 制作被 SGI 图形工作站所垄断。3D Studio Max + Windows NT 组合的出现一下子降低了 CG 制作的门槛，首先开始运用于电脑游戏中的动画制作中，后更进一步开始参与影视片的特效制作，例如 X 战警 II、最后的武士等。在 Discreet 3Ds max 7 后，正式更名为 Autodesk 3ds Max。 它是集造型、渲染和制作动画于一身的三维制作软件，具有强大的造型功能和动画功能，而且操作简捷方便，制作的效果非常逼真。

3DS MAX 的特点：基于 PC 系统的低配置要求；安装插件（plugins）可提供 3D Studio Max 所没有的功能（比如说 3DS Max 6 版本以前不提供毛发功能）以及增强原本的功能；强大的角色（Character）动画制作能力；可堆叠的建模步骤，使制作模型有非常大的弹性；“标准化”建模，针对建筑建模领域相较其他软件有不可比拟的优越性。

2. SolidWorks

SolidWorks 是达索系统下的子公司专门负责研发与销售机械设计软件的视窗产品，公司总部位于美国马萨诸塞州。SolidWorks 软件是世界上第一个基于 Windows 开发的三维 CAD 系统，在软件不断的发展过程中，SolidWorks 一直遵循易用、稳定、创新三大特点。使用它，设计师可大大缩短设计时间，产品能快速、高效地投向市场，这使得 SolidWorks 成为领先的、主流的三维 CAD 设计软件。

三维设计软件还包括PROE、Catia等，有兴趣的同学可以课后查找相关资料进行了解与学习。

任务小结

1. 了解 3D 建模的概念及方法。
2. 认识常见的几种正向建模软件。

思考题

1. 3D 建模有哪几种方法?
2. 再列举 3 种本文未介绍的正向建模软件。

任务二　认识逆向建模

知识要点

1. 认识逆向建模。
2. 了解常见逆向建模软件。
3. 认识 3D 打印建模需注意的问题。

【想一想】

正向建模和设计我们已经见得很多，而逆向建模又是怎么回事呢？

一、逆向建模

逆向建模就是根据已有的实体模型，扫描其数据（一般为点云），然后在 3D 环境中重新生成其数字模型。它通常包括从产品的实物样件或模型反求几何模型的过程，是将实物转化为 CAD 模型的数字化操作和几何模型重建操作的总称，是对已知实物模型的有关信息的充分消化和吸收，在此基础上加以创新改型，通过数字化和数据处理后重构实物的三维原型的过程。

二、常用逆向建模软件

1. Geomagic

Geomagic 是一家世界级的软件及服务公司，总部设在美国北卡罗来纳州的三角开发区，在欧洲和亚洲有分公司，经销商分布在世界各地。在众多工业领域，比如汽车、航空、医疗设备和消费产品，许多专业人士在使用 Geomagic 软件和服务。公司旗下主要产品为 Geomagic Studio、Geomagic Qualify 和 Geomagic Piano, Geomagic Qualify 则建立了 CAD 和 CAM 之间所缺乏的重要联系纽带，允许在 CAD 模型与实际构造部件之间进行快速、明了的图形比较，并可自动生成报告；而 Geomagic Piano 是专门针对牙科应用的逆向软件。其中 Geomagic Studio 是被广泛应用的逆向软件。在此主要研究 Geomagic Studio 软件。

（1）Geomagic Studio 软件的使用范围

①零部件的设计；

②文物及艺术品的修复；

③人体骨骼及义肢的制造；

④特种设备的制造；

⑤体积及面积的计算，特别是不规则物体。

（2）Geomagic Studio 软件的主要功能

①点云数据预处理，包括去噪、采样等；

②自动将点云数据转换为多边形（Polygons）；

③多边形阶段处理，主要有删除钉状物、补洞、边界修补、重叠三角形清理等；

④把多边形转化为 NURBS 曲面；

⑤纹理贴图；

⑥输出与 CAD/CAM/CAE 匹配的文件格式（IGES、STL、DXF 等）。

（3）Geomagic Studio 软件的优势

①支持格式多，可以导入、导出各种主流格式；

②兼容性强，支持所有主流三维激光扫描仪，可与 CAD、常规制图软件及快速设备制造系统配合使用；

③智能化程度高，对模型半成品曲线拟合更准确；

④处理复杂形状或自由曲面形状时，生产率比传统 CAD 软件效率更高；

⑤自动化特征和简化的工作流程可缩短培训时间，并使用户可以免于执行单调乏味、劳动强度大的任务；

⑥可由点云数据获得完美无缺的多边形和 NURBS 模型。

（4）Geomagic Studio 软件使用流程简介

Geomagic Studio 逆向设计的原理是用许多细小的空间三角形来逼近还原 CAD 实体模型，采用 NURBS 曲面片拟合出 NURBS 曲面模型。图 5-2-1 简单介绍了曲面重建的策略。

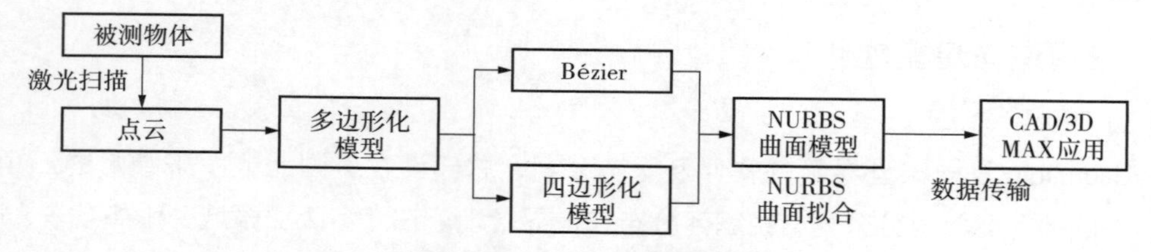

图 5-2-1　曲面重建流程图

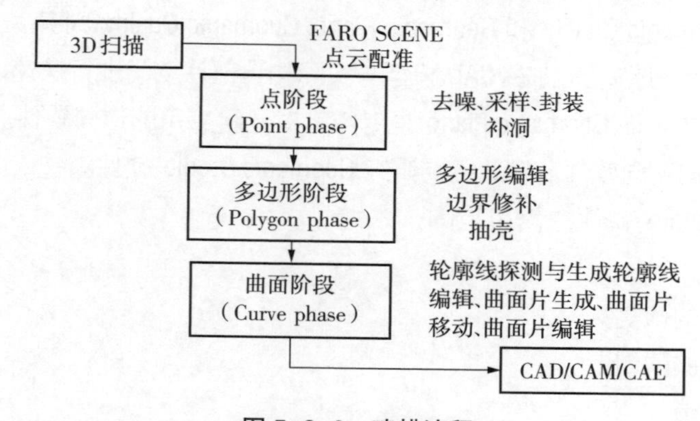

图 5-2-2　建模流程

Geomagic Studio 软件建模的具体的流程为：点云处理—封装为多边形—多边形阶段—造型阶段—输出模型，如图 5-2-2 所示。

（5）Geomagic Studio 基本模块

Geomagic Studio 主要包括 10 个模块：视窗模块、选择模块、工具模块、对齐模块、特征模块、点处理模块、多边形处理模块、参数化曲面模块、精确曲面模块、曲线模块。在电脑上打开 Geomagic Studio 软件，如图 5-2-3 所示。

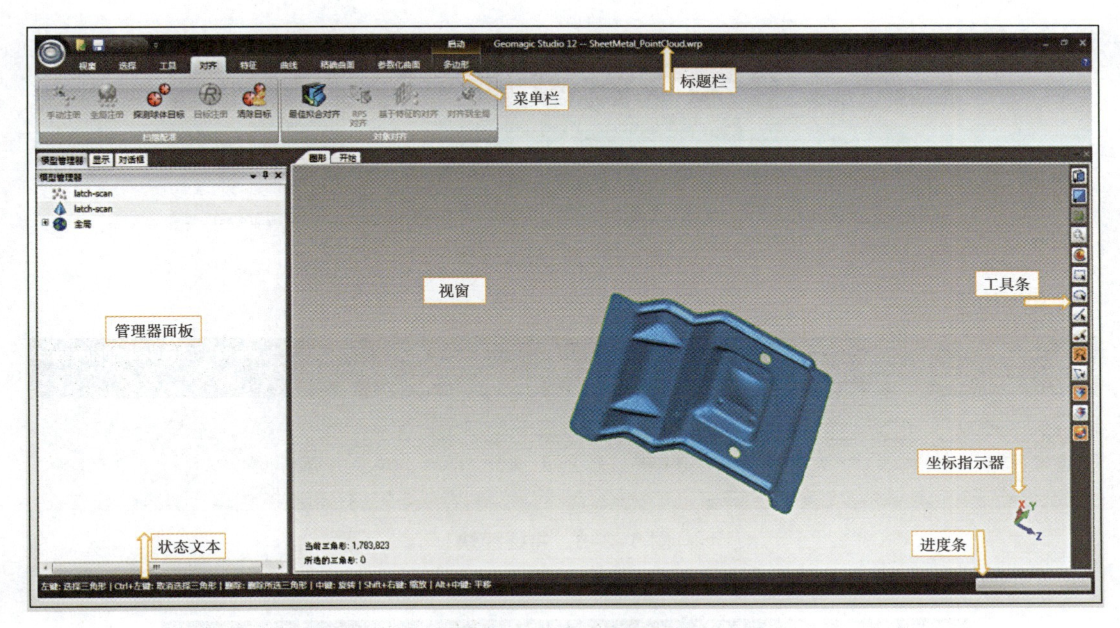

图 5-2-3　操作界面

①视窗模块。

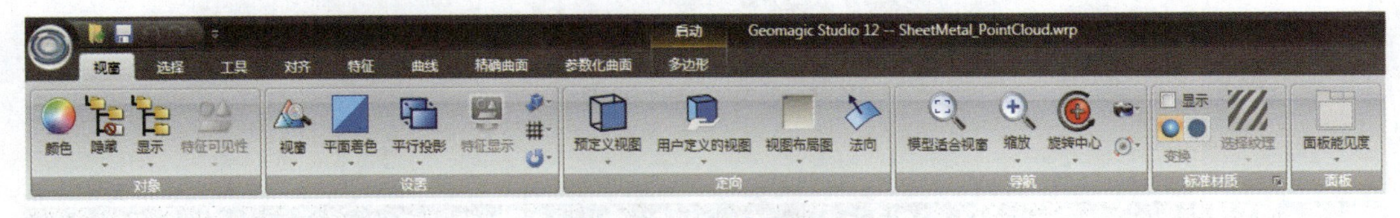

图 5-2-4　视窗模块

②选择模块。

图 5-2-5　选择模块

③工具模块。

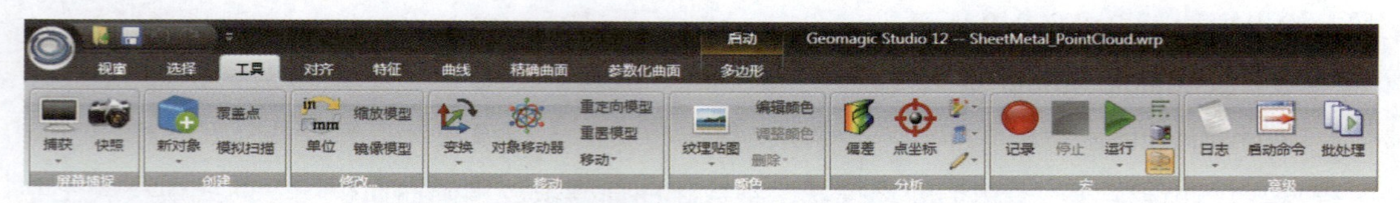

图 5-2-6　工具模块

④对齐模块。

图 5-2-7　对齐模块

⑤特征模块。

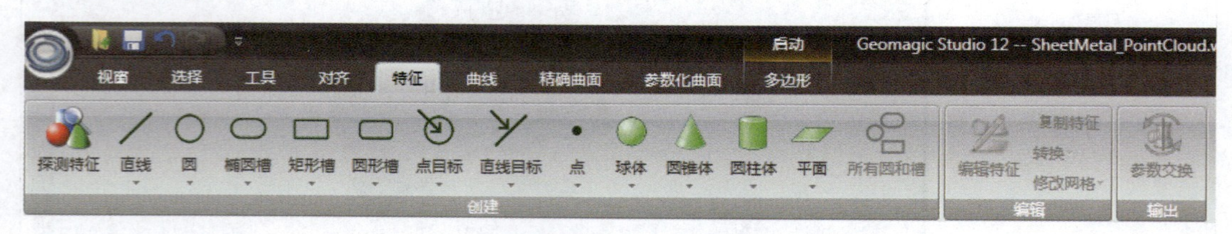

图 5-2-8　特征模块

⑥点处理模块。

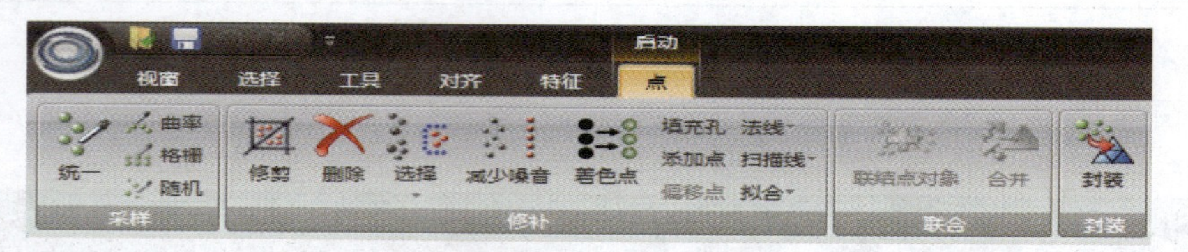

图 5-2-9　点处理模块

⑦多边形处理模块。

图 5-2-10　多边形处理模块

⑧参数化曲面模块。

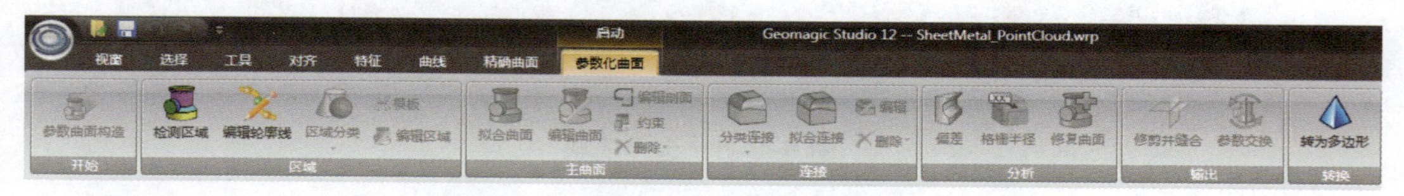

图 5-2-11　参数化曲面模块

⑨精确曲面模块。

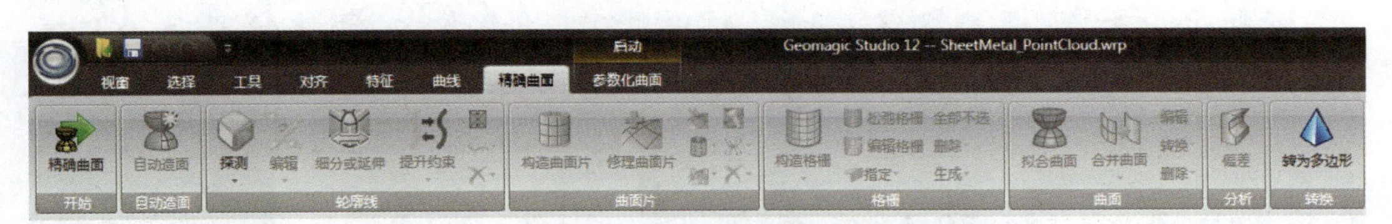

图 5-2-12　精确曲面模块

⑩曲线模块。

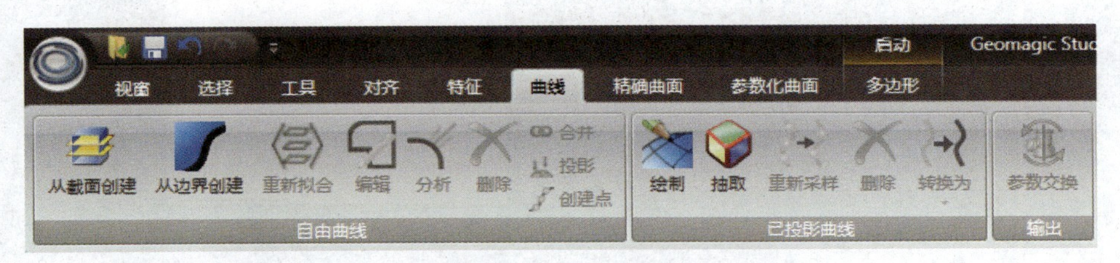

图 5-2-13　曲线模块

2. Imageware

Imageware 由美国 EDS 公司出品，后被德国 Siemens PLM Software 所收购，现在并入旗下的 NX 产品线，是著名的逆向工程软件。Imageware 因其强大的点云处理能力、曲面编辑能力和 A 级曲面的构建能力而被广泛应用于汽车、航空、航天、消费家电、模具、计算机零部件等设计与制造领域。

Imageware 拥有广大的用户群，国外有 BMW、Boeing、GM、Chrysler、Ford、raytheon、Toyota 等著名国际大公司，国内则有上海大众、上海交大、上海 DELPHI、成都飞机制造公司等大企业。Imageware 采用 NURBS 技术，软件功能强大，易于应用。Imageware 对硬件要求不高，可运行于各种平台：UNIX 工作站、PC 机均可，操作系统可以是 UNIX、NT、Windows95 及其他平台。Imageware 由于在逆向工程方面具有技术先进性，产品一经推出就占领了很大市场份额，软件收益正以 47% 的年速率快速增长。Surfacer 是 Imageware 的主要产品，主要用来做逆向工程，它处理数据的流程遵循“点—曲线—曲面”原则，流程简单清晰，软件易于使用。Imageware 英文版操作界面如图 5-2-14 所示。

国际市场还有很多逆向建模的应用软件，如英国 Renishaw 公司的 TRACE、英国 MDTV 公司的 STRIM and Surface Reconstruction、英国 DelCAM 公司的 CopyCAD。此外，一些 CAD/CAM 系统，如美国 PTC 公司的 Pro/Engineer、德国 Siemens PLM 旗下的 NX 与法国达索公司的 CATIA 和 Solidworks office premium 等在其系统中也集成了可实现逆向三维建模的模块，但与专业的逆向建模软件比较，在功能上有较大局限性。

三、3D 打印建模需要注意的问题

3D 打印建模与其他三维建模过程相似，但在建模过程中还需注意以下问题：

①物体模型必须封闭，也可以通俗地说是“不漏水的”（Watertight）。

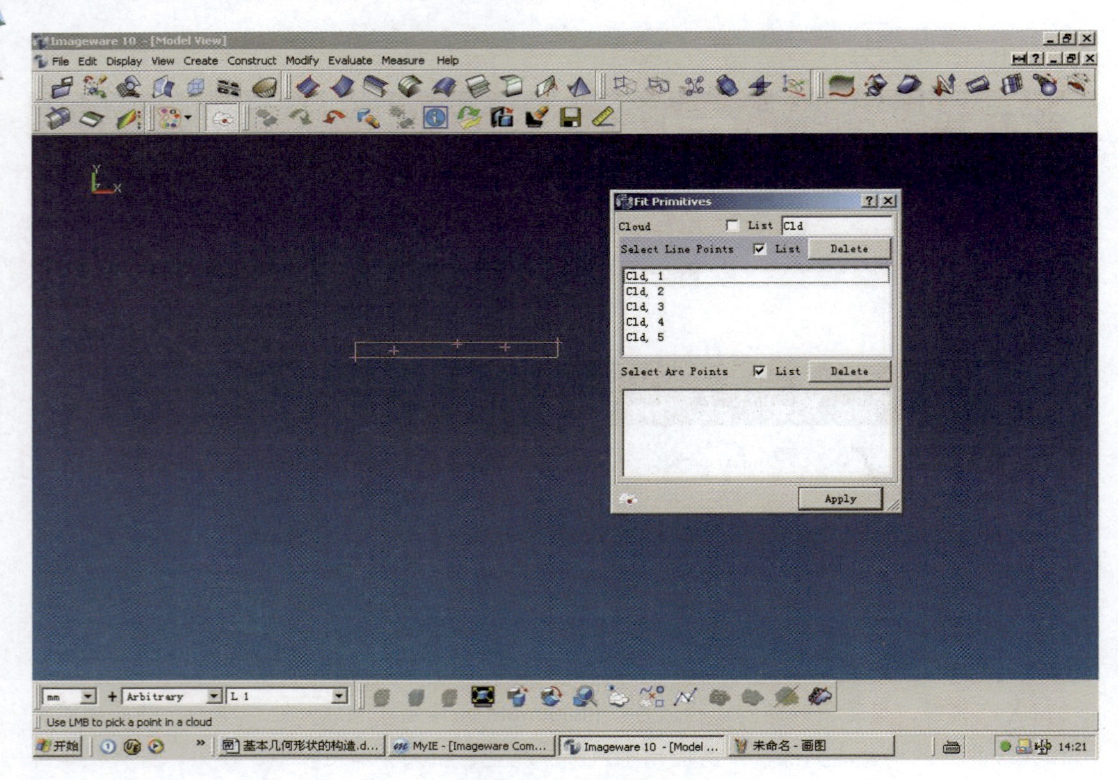

图 5-2-14　操作界面

如果你不能发现此问题，可以借助一些软件，比如 3ds Max 的 STL 检测（STL Check）功能，Meshmixer 的自动检测边界功能。一些模型修复软件当然是能做的，比如 Magics, Netfabb 等。

②物体需要厚度。CG 行业的模型通常都是以面片的形式存在的，但是现实中的模型不存零厚度，我们一定要给模型增加厚度。

③物体模型必须为流形（manifold）。简单来看，如果一个网格数据中存在多个面共享一条边，那么它就是非流形的（non-manifold）。

④正确的法线方向。模型中所有的面法线需要指向一个正确的方向。如果你的模型中包含了错误的法线方向，打印机就不能判断出是模型的内部还是外部。

⑤物体模型最大尺寸是根据 3D 打印机可打印的最大尺寸而定。当模型超过 3D 打印机的最大尺寸，模型就不能完整地被打印出来。在 Cura 软件中，当模型的尺寸超过了设置机器的尺寸时，模型就显示为灰色。物体模型最大尺寸是根据使用的机器而定。

⑥物体模型的最小厚度。打印机的喷嘴直径是一定的，所以打印模型的壁厚应考虑打印机能打印的最小壁厚。不然，会出现失败或者错误的模型。一般物体模型的最小厚度为 2 mm，根据不同的 3D 打印机而发生变化。

⑦ 45° 法则。任何超过 45° 的突出物都需要额外的支撑材料或是高明的建模技巧来完成模型打印，而 3D 打印的支撑结构比较难做。添加支撑既耗费材料，又难处理，而且处理

之后会破坏模型的美观。

⑧设计打印底座。用于 3D 打印的模型最好底面是平坦的，这样既能增加模型的稳定性，又不需要增加支撑。可以直接用平面截取底座获得平坦的底面，或者添加个性化的底座。

⑨预留容差度。对于需要组合的模型，我们需要特别注意预留容差度。要找到正确的度可能会有些困难，一般解决办法是在需要紧密接合的地方预留 0.8 mm 的宽度；给较宽松的地方预留 1.5 mm 的宽度。但是这并不是绝对的，还得深入了解打印机性能。

任务小结

1. 逆向建模。
2. 认识常用逆向建模软件。
3. 了解 3D 打印建模需要注意的问题。

思考题

逆向建模与正向建模有哪些不同，各自有什么优缺点？

自我检测

1. 建模技术按使用方式分类，可以分为________、________、________三类。

2. 目前，三维扫描仪分为________、________两种。其中，________三维扫描仪主要是使用________传感器，用于捕捉物体表面信息。

3. 3D One 软件工作界面主要由________、________、________、________、________、________等几类组成。

4. 3D One 中工具栏位于工作界面最左边，它有________、________、________、________、________、________等十几项功能。

5. UG NX 软件是集__________为一体的软件集成系统。

6. Geomagic Studio 软件的使用范围是________、________、________、________、________。

7. Geomagic Studio 软件功能之一是可以输出与 CAD/CAM/CAE 匹配的文件格式，其中文件格式有________、________、________等几种。

8. Geomagic Studio 基本模块有________、________、________、________、________、________、________等模块。

9. Geomagic Studio 软件建模流程依次为________、________、________、

________以及 CAD/CAM/CAE 文件格式输出。

10. 3D One 软件中的菜单栏的功能包括（　　）。（多选题）

A. 打开　　B. 绘制草图　　C. 导入

D. 导出　　E. 保存

11. 在操作 3D One 的过程中，鼠标中键的作用包括（　　）。（多选题）

A. 放大或缩小视图　B. 选择对象　　C. 移动视图　　D. 确认视图

12. 属于三维设计软件的是（　　）。（多选题）

A.3D One　　B. UG NX　　C. AutoCAD

D.PS　　E. SolidWorks

13. 多边形阶段处理是 Geomagic Studio 软件的主要功能之一，主要办函内容为（　　）。（多选题）

A. 去噪　　B. 补洞　　C. 删除钉状物　　D. 纹理贴图

E. 边界修补　　F. 采样

14. 简述 3D 打印建模需要注意的问题。

项目六　3D 打印机的维护与保养

本项目以 TIERTIME UP BOX+ 型 3D 打印机为例，讲解其结构与日常维护保养相关内容。

目的要求

1. 了解 TIERTIMEUP BOX+ 型 3D 打印机的日常维护内容。
2. 了解 TIERTIMEUP BOX+ 型 3D 打印机常见问题及故障排除。

任务一　TIERTIMEUP BOX+ 型 3D 打印机日常维护

知识要点

1. 了解 TIERTIMEUP BOX+ 型 3D 打印机的结构。
2. 了解 TIERTIMEUP BOX+ 型 3D 打印机的日常维护内容。

【想一想】

FDM 打印机是现在应用量最大的 3D 打印机，现以 TIERTIMEUP BOX+ 型 3D 打印机为例，介绍 FDM 打印机的日常维护。

一、TIERTIMEUP BOX+ 型 3D 打印机的结构与图解

TIERTIMEUP BOX+ 型 3D 打印机的外部结构如图 6-1-1 至图 6-1-3 所示。

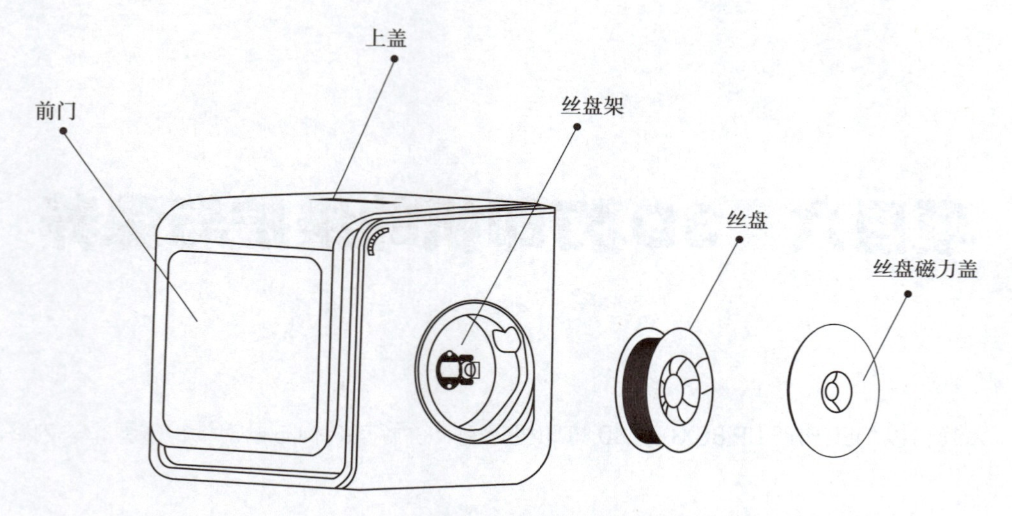

图 6–1–1　TIERTIMEUP BOX+ 型 3D 打印机的整体外部图

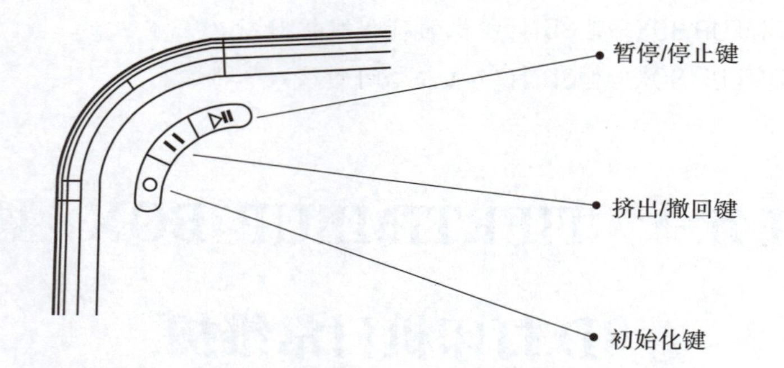

图 6–1–2　TIERTIMEUP BOX+ 型 3D 打印机的操作面板

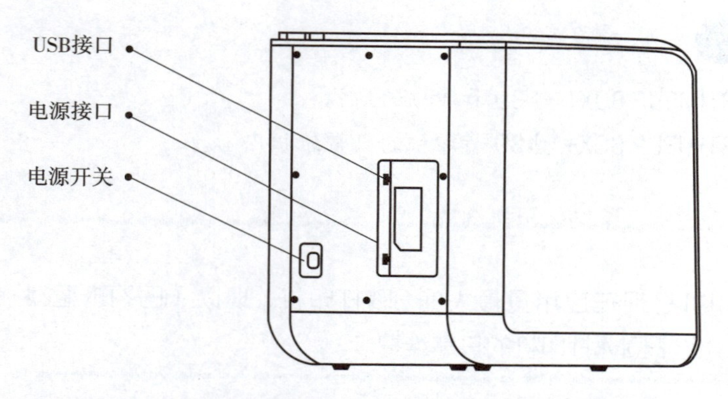

图 6–1–3　TIERTIMEUP BOX+ 型 3D 打印机的侧面结构

UP BOX+ 型 3D 打印机的内部结构如图 6–1–4 所示。

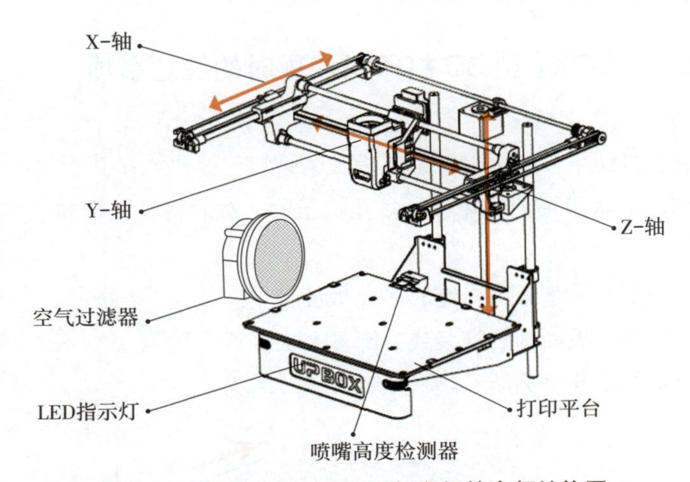

图 6-1-4　UP BOX+ 型 3D 打印机的内部结构图

UP BOX+ 型 3D 打印机的打印头与打印头座结构如图 6-1-5 和图 6-1-6 所示。

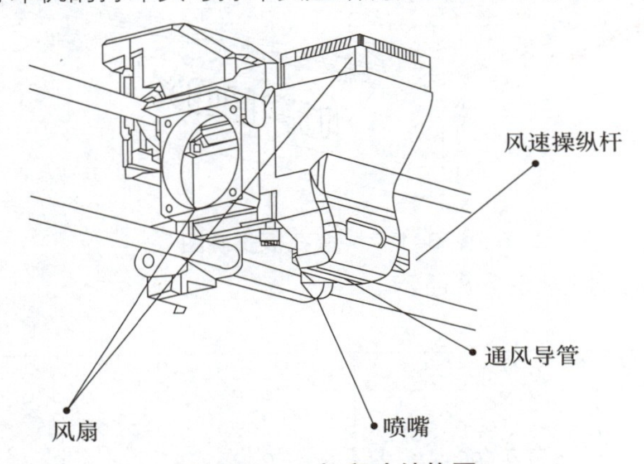

图 6-1-5　打印头结构图

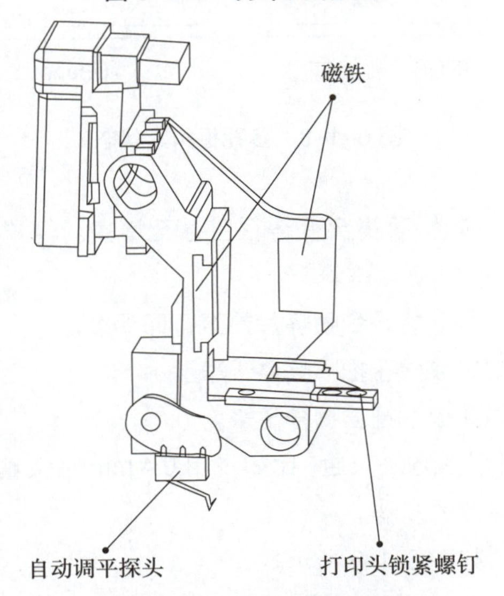

图 6-1-6　打印头座结构图

二、TIERTIMEUP BOX+ 型 3D 打印机使用时的注意事项

1. 多孔板拆装及注意事项

①将多孔板放在打印平台上，确保加热板上的螺钉已经进入多孔板的孔洞中。

②在右下角和左下角用手把加热板和多孔板压紧，然后将多孔板向前推，使其锁紧在加热板上。

③确保所有孔洞都已妥善紧固，此时多孔板应放平。

④在打印平台和多孔板冷却后安装或拆卸多孔板。

安装多孔板方法如图 6-1-7 所示。

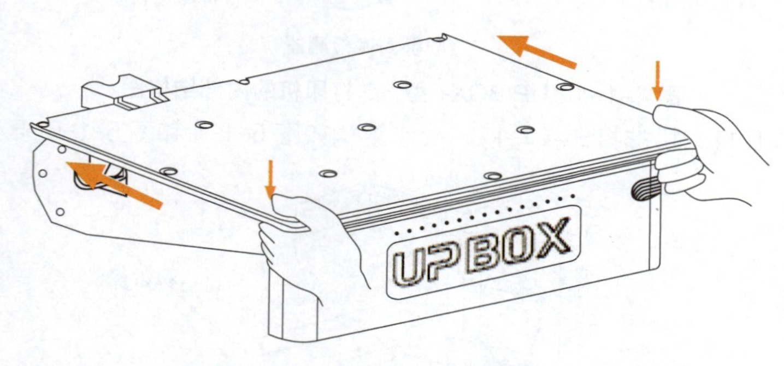

图 6-1-7　多孔板安装图

判断多孔板扣紧状态如图 6-1-8 所示。

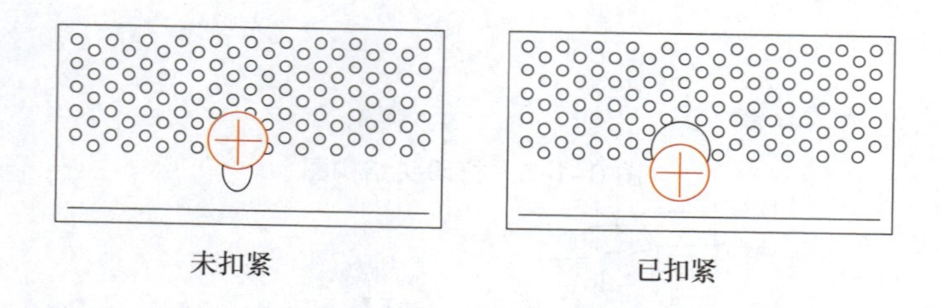

图 6-1-8　多孔板扣紧状态

2. 更换喷嘴

经过长时间的使用，打印机喷嘴会变得很脏甚至堵塞。用户需及时清理喷嘴或更换新喷嘴。

①用维护界面的“撤回”功能，令喷嘴加热至打印温度。

②戴上隔热手套，用纸巾或棉花把喷嘴擦干净。

③使用打印机附带的喷嘴扳手把喷嘴拧下来。

④堵塞的喷嘴可以用很多方法疏通，比如说用 0.4 mm 钻头钻通，在丙酮在中浸泡，用热风枪吹通或者用火烧掉堵塞的塑料。

更换喷嘴的工具及方法如图 6-1-9 所示。

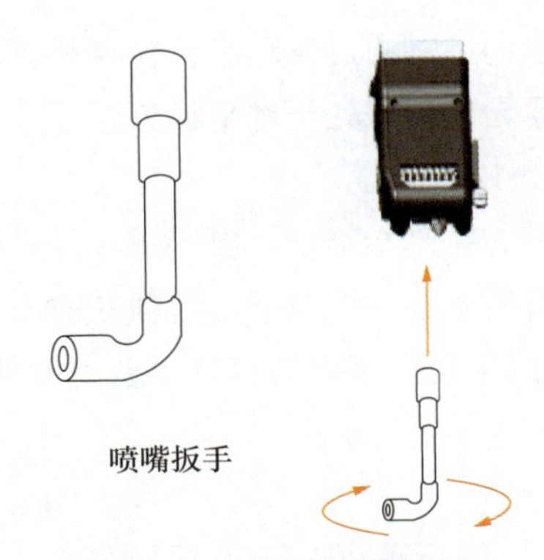

图 6-1-9　喷嘴的更换操作

3. 更换空气过滤器

顺时针旋转安装盖子。逆时针转动取下盖子。安装与内部结构如图 6-1-10 和图 6-1-11 所示。

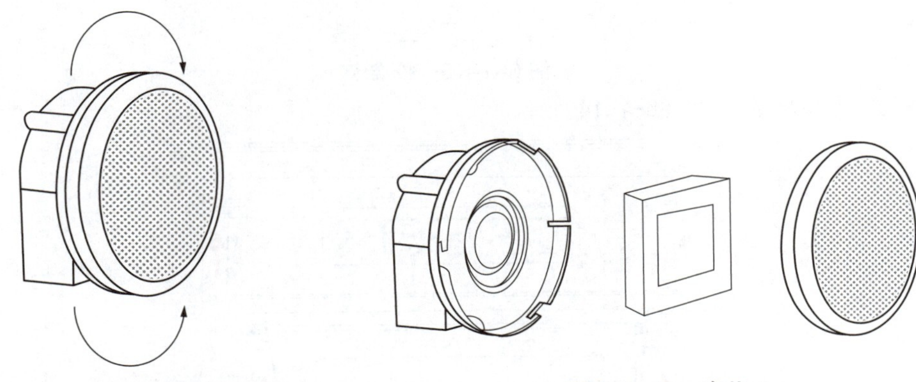

图 6-1-10　旋转装盖、取盖

图 6-1-11　滤芯

4. 确保打印平台的水平位置

开始打印前，一定要确保打印机的平台处于水平位置。平台校准是确保成功打印的重要前提。理想情况下，喷嘴与打印平台之间的距离恒定，一般保持在 0.1 mm（校准卡的厚

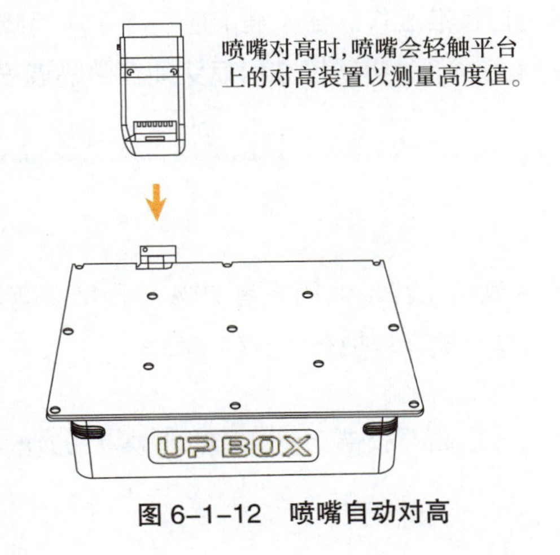

图 6-1-12　喷嘴自动对高

度）。在实际操作和使用中，我们可以通过自动平台校准和自动喷嘴对高的功能，迅速且准确地完成校准工作，确保打印平台的位置处于水平状态。

自动喷嘴对高功能如图 6-1-12 所示。

手动平台校准：通常情况下，手动校准非必要步骤。只有在自动调平不能有效调平平台时才需要。UP BOX+ 的平台之下有 4 颗手调螺母，两颗在前面，两颗在平台后下方。可以上紧或松开这些螺母以调节平台的平度。喷嘴与打印平台之间的距离恒定，一般保持 0.1 mm（校准卡的厚度）。

校准卡如图 6-1-13 所示。

图 6-1-13　校准卡

手动平台校准情况如图 6-1-14 所示。

图 6-1-14　手动平台校准操作

校准小贴士：

应在喷嘴未被加热时进行校准工作。在校准前应清除干净喷嘴上残留的塑料。在校准前，将多孔板安装至平台上。平台自动校准和喷头须在喷嘴温度低于 80 ℃的前提下进行。

5. 清洁打印平台

清洁打印平台时，可选用酒精（70% 酒精或者 70% 异丙醇）擦拭，因为手上的油脂可能弄脏打印平台，使打印的物品不能很好地粘到打印平台上。

6. 粘贴高温胶带

操作前，在打印平台上贴一层高温胶带，可以有效减少打印时的翘边、变形，还可增强耗材与加热板的附着力。

7. 喷雾剂的使用

如果使用了上述方法，在打印过程中仍发现材料不能粘到胶带上，则可以尝试在胶带表面使用喷雾剂（发胶之类的喷雾）——很多人都发现这招很有效。

8. 了解打印材料的属性

UP BOX+型3D打印机常用的两种材料是ABS和PLA。每种材料都有它自己的特性（比如熔化温度等），即使是同一种材料，不同的厂家生产出来的材料也都是具有差异的。在操作前，了解所选择打印材料的属性，确保设置的打印机各项数据都能支持你所使用的打印材料。

9. 出丝均匀度

打印前，可先单击“挤出”按钮，在打印机发出蜂鸣声后，打印头可挤出丝材，操作者可判断出丝是否顺畅。

10. 打印小尺寸物体

当你要打印的物体比较小时，可把打印速度调慢，同时开启散热风扇，促使挤出来的丝材更好地堆积成型，打印出更漂亮的产品。

任务小结

1. TIERTIMEUP BOX+型3D打印机的结构。
2. TIERTIMEUP BOX+型3D打印机使用时的注意事项。

思考题

1. 了解什么是确保成功打印的重要前提。
2. 喷嘴可以在被加热时进行校准工作吗？
3. 根据TIERTIMEUP BOX+型3D打印机的结构，自己能不能组装一台打印机呢？

任务二 TIERTIMEUP BOX+型 3D打印机常见问题及故障排除

知识要点

了解 TIERTIMEUP BOX+ 型 3D 打印机的常见故障及处理方法。

【想一想】

模型粘不到工作台怎么办？打印模型错位怎么办？打印精度和理论有较大差距怎么办？

一、模型粘不到工作台

①喷嘴离工作台距离太远，使用校准卡调整工作台和喷嘴距离，如图 6-2-1 所示。

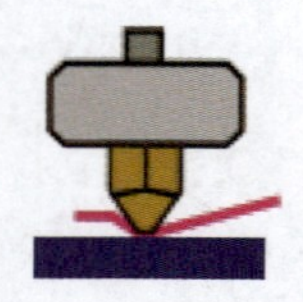

平台过高，喷嘴将校准卡钉到平台上。略微降低平台。

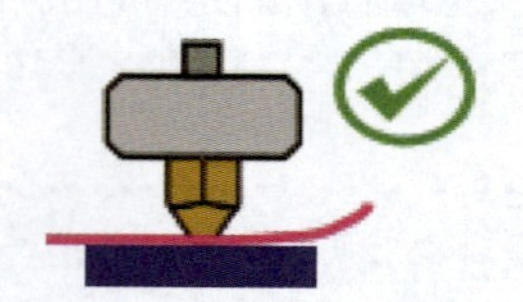

移动校准卡时可以感受到一定阻力。平台高度适中。

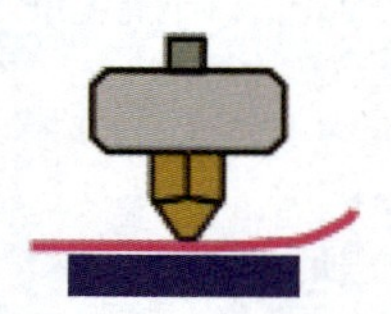

平台过低，当移动校准卡时无阻力，略微升高平台。

图 6-2-1 平台校准状态

②工作台温度太高或者太低。ABS 打印工作台温度应该在 110 ℃左右，PLA 打印工作台温度应该稳定在 70 ℃左右。

③打印耗材问题。换家耗材供应商检验耗材与机器是否适应。

④打印 ABS 一般在工作台贴上高温胶带，打印 PLA 一般在工作台上贴上美纹纸来帮助粘合。

二、喷嘴不出丝

①检查送丝器。加温进丝，如果是外置齿轮结构送丝则观察齿轮是否转动，内置步进电机送丝则观察进丝时电机是否微微震动并发出工作响声。如果无，则继续检查送丝器及其主板的接线是否完整，若不完整应及时维修。

②查看温度。ABS 适合打印温度为 210 ~ 230 ℃，PLA 适合打印温度为 180 ~ 210 ℃。

③查看喷嘴是否堵塞。喷嘴温度加热至打印温度，ABS 加热到 260 ℃，PLA 加热到 220 ℃。丝上好后，戴上隔热手套稍微用力推动丝材，看喷嘴是否出丝。如果出丝，则喷嘴没有堵塞；如果不出丝，则喷嘴可能堵塞，可戴上隔热手套用纸巾等材料将喷嘴擦拭干净。也可以选择拆下喷嘴，清理喷嘴内积屑或者更换喷嘴。老喷嘴可以保留，清理干净后可再次使用。

清理小贴士：

阻塞的喷嘴可以用热风枪吹通、用火烧除阻塞物等方法进行清理和疏通。

④查看工作台是否离喷嘴较近。如果工作台离喷嘴较近，则工作台挤压喷嘴不能出丝。调整喷嘴工作台之间距离，两者间距离约为校准卡的厚度。

⑤从打印头抽出丝材，切断熔化的末端，然后将其重新装到打印头上。

⑥丝材过粗。通常在使用质量不佳的丝材时会发生这种情况。

⑦对于某些模型，如果 PLA 不断造成问题，切换到 ABS。

三、打印模型错位

①打印中途喷嘴被强行阻止路径。在打印期间，打印机喷嘴温度将达到 260 ℃，打印平台温度可达到 100 ℃，故禁止在高温状态下将裸露的皮肤与之接触。此不仅为安全注意事项，也是为了避免打印中途喷嘴被强行阻止路径。如果模型图打印最上层有积削瘤，则在下次打印时将会重复增大积削，一定程度坚硬的积削瘤会阻挡喷嘴的正常移动，使电机丢步导致错位。

②电压不稳定。打印错位时，观察是否为大功率电器（如空调）工作结束后部分电器的总电闸被关闭后导致打印错位，如果有，应给打印电源加上稳压设备方可解决此问题。如果没有，观察打印错位情况是否为每次喷嘴走到同一点出现行程受阻。喷嘴卡位后出现错位，一般可归结为 X、Y、Z 轴电压不均，调整主板上 X、Y、Z 轴电流使其通过三轴电流基本均匀方可解决问题。

③主板问题。若上述问题都无法解决错位的问题，并且出现最多的问题是打印任何模型时都在同一高度错位，则需更换主板。

四、打印精度和理论有较大差距

①打印出模型外表面有积屑瘤。

此情况是喷嘴温度过高，耗材熔化过快导致流动积屑溢出打印外层。

② FDM 打印支撑处理后表面一般非常差。

拆除支撑后，支撑表面打印效果很差的情况不可避免，可以用打磨工具稍微进行修整，然后用毛巾沾丙酮擦拭处理。注意，在擦拭过程中需要配戴手套，擦拭时间不宜过长，以免影响模型外观和尺寸。

③工作台和喷嘴距离不合适。若其间距较大，则打印第一层会有不成型、没有模型棱角边框的情况。若其间距较小，则可能造成喷嘴不出丝、磨损喷嘴和工作台的情况。因此，在打印前必须调整好喷嘴和工作台的距离，其间距以刚好通过一张名片为佳。

④打印耗材差异。随着3D打印技术日益成熟化，市场上打印耗材品种丰富起来，各种新奇颜色、各类生产添加让用户眼花缭乱。耗材和打印机的适配性是特别需要注意的问题，应尽量使用和打印机对应的原装材料。

五、打印过程中挤出机发出“咔咔”的异响

打印过程挤出机发出异响的普遍原因是挤出机堵头了，大致有以下几种：

①所选材料较为劣质，粗细不均匀，气泡杂质较多，不完全熔化。

②打印头温度过高或者长时间使用，材料会碳化成黑色小颗粒堵在打印头中。

③散热问题。

④换材料时，残料没有处理干净，会留在送料轴承或者导管附近。

⑤看看你的送料齿轮是不是磨损或者残料太多，扭力不足。

⑥模型切片问题。因为切片软件生成的GCODE不是匀速的。有些段的速度会较快，就可能发出“咔咔”声。

解决方法：

①先调平，尝试更换其他的材料进行打印。

②用针状工具疏通一下打印头。

③清理送料齿轮。

④联系打印机的售后维修人员，国产打印机的保修期一般为一年。

⑤上述方法都行不通，那只能更换打印头了。

六、打印过程中出现丢步现象

丢步现象可能由以下因素造成：

①打印速度过快，适当减低X、Y电机速度。

②电机电流过大，导致电机温度过高。

③皮带过松或太紧。

④电流过小也会出现电机丢步的现象。如果是因为电流过大或者电流过小，可以对电流大小进行修改。

七、接通电源后，板子无反应

出现这种情况时，可按以下步骤逐步排除故障：

①首先检查各部位线头是否松动，接好有松动的部分，通电测试。

②检查电源插口内保险管是否损坏，若损坏，更换后通电测试。

③检查电源是否损坏（注意电源电压），检查标准：若保险管无损后通电板子仍无反应，则认为电源损坏，更换新的电源进行测试。

④若以上步骤无问题，通电后板子仍无反应，则板子损坏，需更换后检测。

八、打印头和平台无法加热至目标温度或过热

①初始化打印机。

②更换加热模块。

③更换加热线。

九、不能检测打印机

①确保打印机驱动程序安装正确。

②检查 USB 电缆是否有缺陷。

③重启打印机和计算机。

任务小结

1. UP BOX+ 型 3D 打印机常见故障。
2. UP BOX+ 型 3D 打印机常见故障的处理方法。

思考题

1. 如何使用校准卡调整工作台和喷嘴的距离？
2. 喷嘴不出丝该用何步骤进行排查与检修？
3. UP BOX+ 型 3D 打印机的常见故障与普通打印机使用时出现的故障有哪些异同？

自我检测

1. 3D 打印机的打印平台在打印前要确保处于水平位置，__________是确保成功打印

的重要前提。

2. TIERTIME UP BOX+ 型 3D 打印机一般打印的是__________和__________材料。

3. 打印模型错位一般有__________、__________、__________三种情形。

4. 打印精度出现较大差距的情形：________、________、________、________。

5. 简要说明 FDM 打印机的主要组成部分。

项目七　3D 打印实例

本项目以具体打印实物为任务，结合 3D One Plus 设计软件构建数字模型，以“太尔 UP BOX+”3D 打印机为例，完成 3D 实物的打印。

任务一　花瓶的制作

任务描述：

设计一个花瓶，如图 7-1-1 所示。

图 7-1-1　花瓶

知识目标：

①掌握 3D One Plus 设计软件的“视图”“直线”“曲线”等草绘功能。

②掌握 3D One Plus 设计软件的“拉伸”“抽壳”等建模功能。

技能目标：

①能使用 3D one Plus 软件设计花瓶。

②能熟练使用 3D 打印机完成模型的打印。

任务准备：

①设备：计算机、3D 打印机（太尔 UP BOX+）。

②软件：3D one Plus。

③材料：ABS 3D 打印丝材（500 g）。

④工具：防护手套、铲刀、护目镜。

任务实施：

一、建立花瓶数字模

①打开软件。在电脑桌面上双击 3D one Plus 图标，打开建模软件。

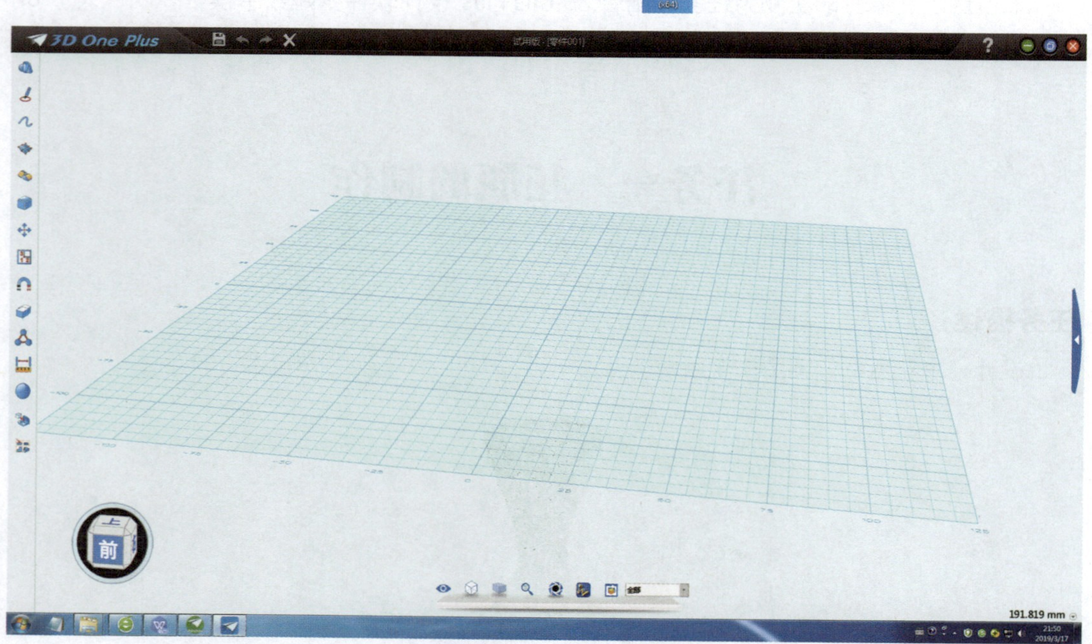

图 7-1-2　3D one Plus 窗口界面

②选择视图。在软件下方找到“视图导航器”，选择“正视图”，选择视图方向为“上”，如图 7-1-3 所示。

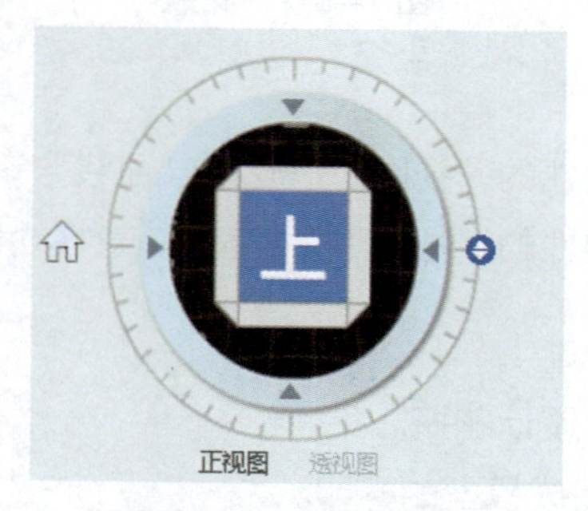

图 7-1-3　选择视图

③绘制花瓶截面。在软件左侧工具栏上单击“草图绘制”→“直线”按钮，绘制瓶口和瓶底，如图 7-1-4 和图 7-1-5 所示，注意各直线端点需重合。

图 7-1-4　选择草图平面

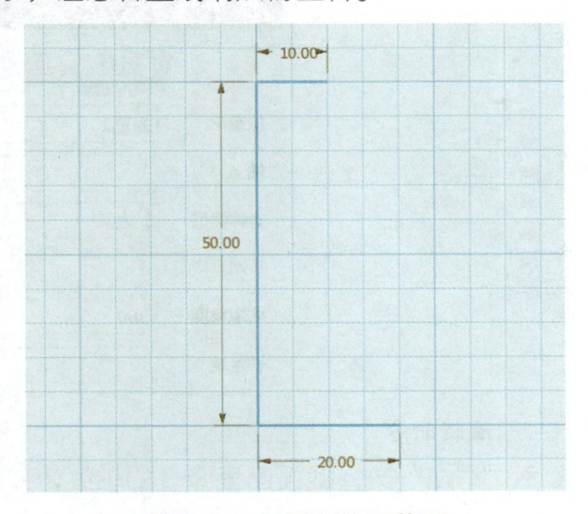

图 7-1-5　绘制花瓶截面

④绘制花瓶曲面轮廓。在软件左侧工具栏上单击“草图绘制”→“曲线”按钮，绘制花瓶曲面轮廓，使曲线上下两个端点与直线的端点重合，如图 7-1-6 所示。

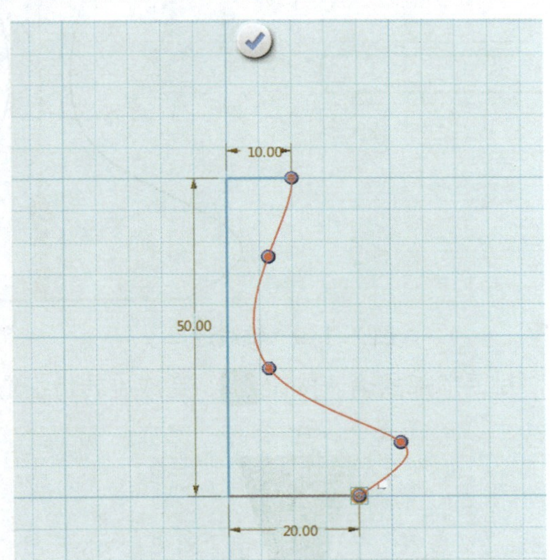

图 7-1-6　绘制花瓶曲面轮廓

在绘图区单击按钮，完成草图绘制。

⑤特征造型。

步骤 1：在软件左侧工具栏上单击“特征造型”→“旋转”按钮，使花瓶截面轮廓形成实体，如图 7-1-7 所示。

步骤 2：在“旋转”对话框里，“轮廓 P”选择刚画好的花瓶截面，如图 7-1-8 所示。

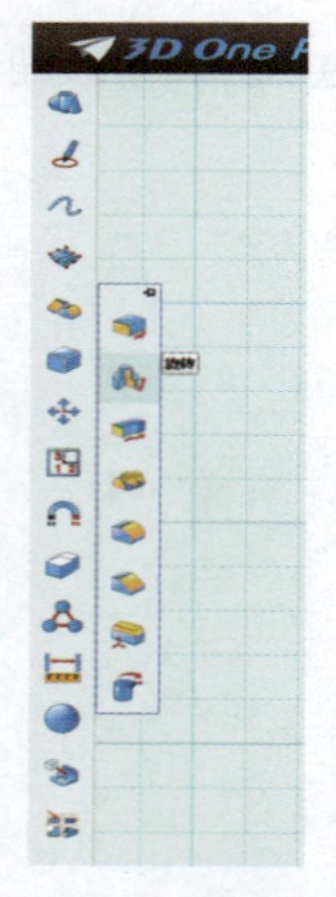

图 7-1-7　旋转命令

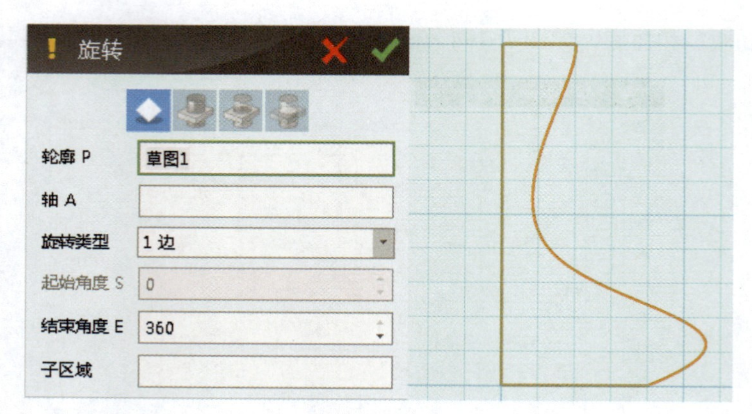

图 7-1-8　轮廓选择

步骤 3："轴 A"选择截面图里竖直的轴线，如图 7-1-9 所示。

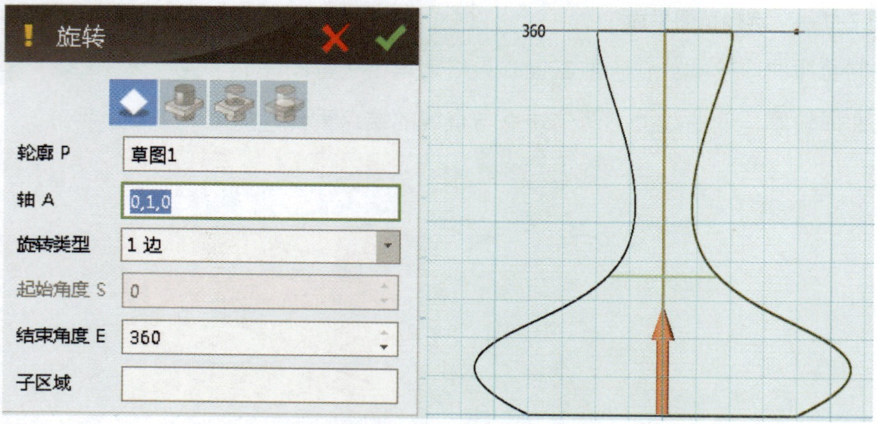

图 7-1-9　轴线选择

步骤 4：单击"旋转"对话顶部的确认按钮，完成旋转特征造型，如图 7-1-10 所示。

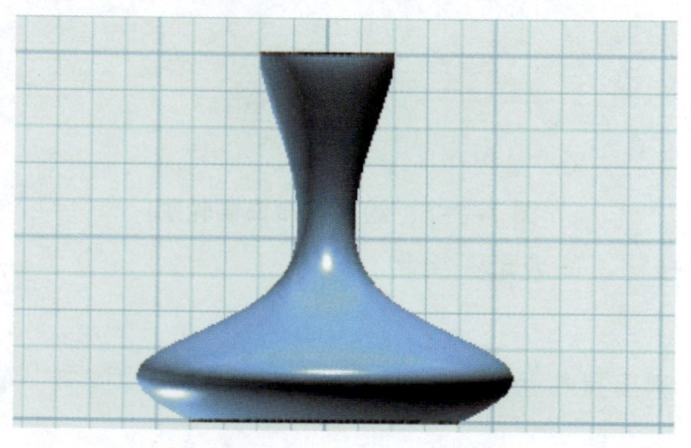

图 7-1-10　旋转特征造型

⑥抽壳。

步骤 1：在软件左侧工具栏上单击"特殊功能"→"抽壳"按钮，如图 7-1-11

所示，完成花瓶的数字造型。

步骤 2：在“抽壳”对话框中，“造型”选择花瓶实体，如图 7-1-12 所示。

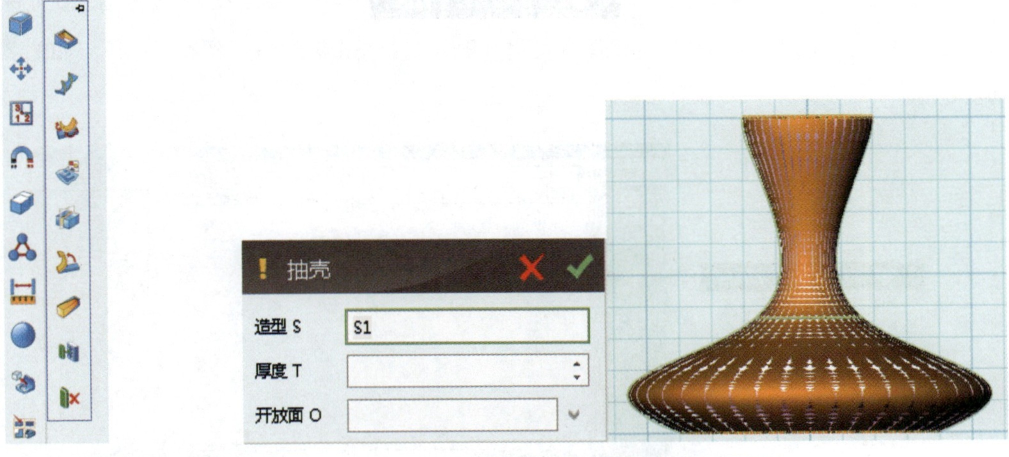

图 7-1-11　抽壳命令　　　　图 7-1-12　造型选择花瓶实体

步骤3：选择“厚度T”输入“-2”，再选择“开放面O”，按住鼠标右键不动，旋转模型，选择花瓶口表面，如图 7-1-13 所示。

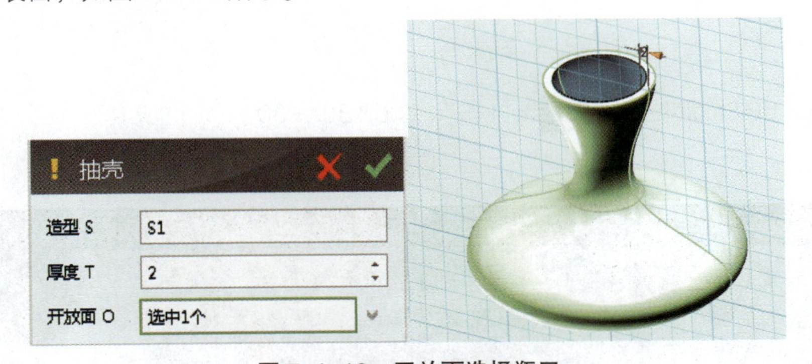

图 7-1-13　开放面选择瓶口

步骤 4：单击“抽壳”对话顶部的确认按钮，完成花瓶的数字造型，如图 7-1-14 所示。

图 7-1-14　完成抽壳

二、文件格式转换

单击软件界面左上角图标 3D One Plus →“导出”→选择合适的保存位置→“文件名”输入“花瓶”→“保存类型（T）”选择 Stl 文件→“保存（S）”，如图 7-1-15 所示。

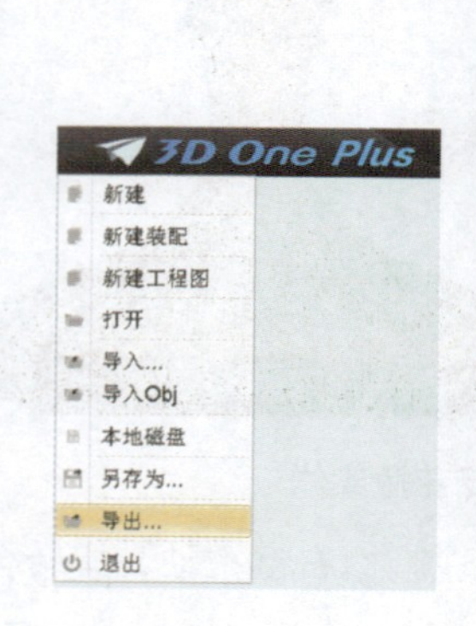

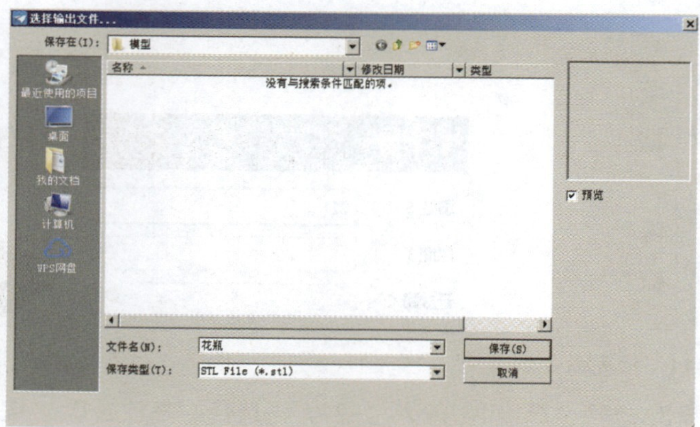

图 7-1-15　文件导出

三、模型放置

①单击“UP Studio”图标，打开太尔 UP BOX+ 3D 打印机操作软件，其界面如图 7-1-16 所示。

图 7-1-16　UP Studio 界面窗口

②单击“文件”图标，进入操作界面，如图 7-1-17 所示。

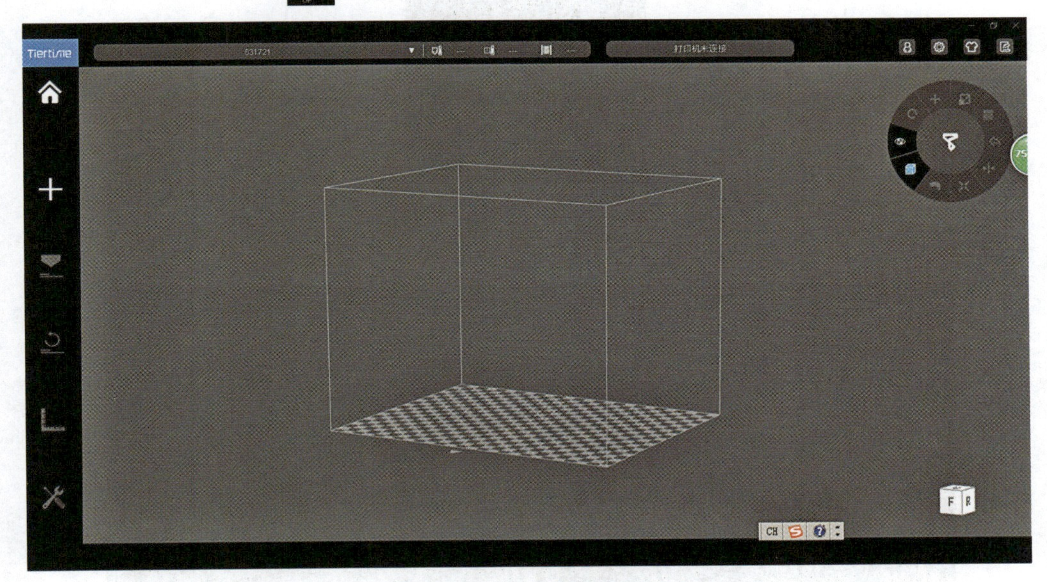

图 7-1-17　模型操作界面

③单击“添加”→“添加模型”→选择花瓶模型→“打开”，如图 7-1-18 所示。

图 7-1-18　添加模型

④选择右上方“模型调整轮”→“旋转”→“选面置底”，如图 7-1-19 所示。

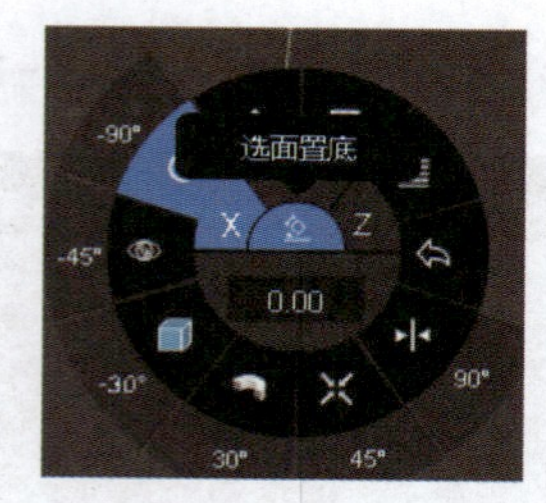

图 7-1-19 模型调整轮

⑤选择花瓶底面→“确定”，完成模型的摆放，如图 7-1-20 所示。

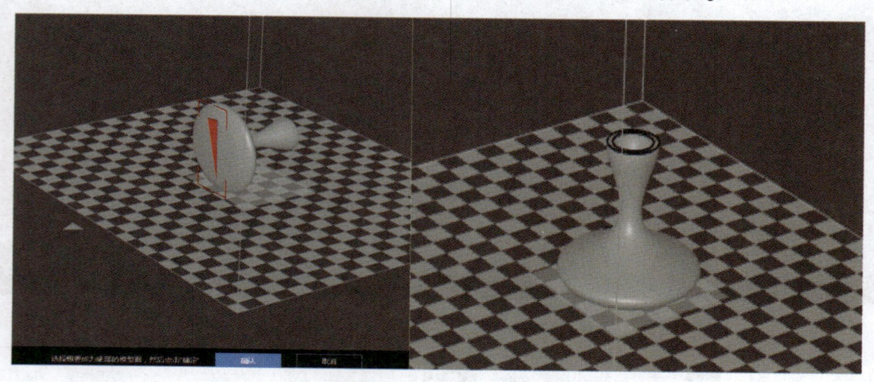

图 7-1-20 模型摆放

四、打印参数设置

①单击“初始化”按钮，完成打印机初始化。

②单击“打印”按钮，设置打印参数，如图 7-1-21 所示。

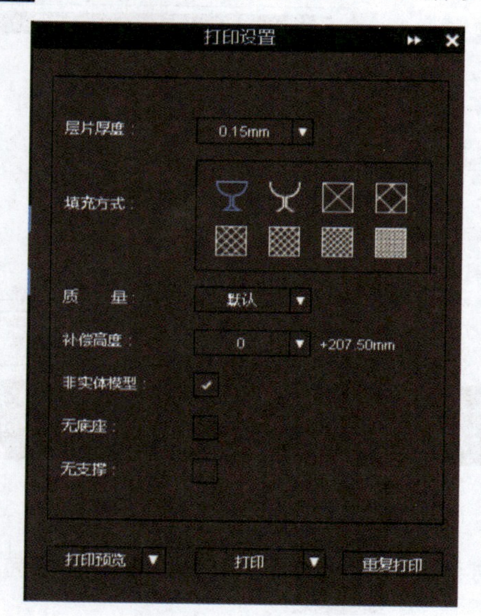

图 7-1-21 打印设置

③“层片厚度”设置为“0.15”。

④“填充方式”选择 。

⑤单击“打印预览”，系统将显示该模型打印的时间及消耗的材料，如图 7-1-22 所示。

图 7-1-22　打印信息

五、后置处理

①剥离模型支撑，如图 7-1-23 所示。

图 7-1-23　剥离模型支撑

②表面光洁处理，如图 7-1-24 所示。

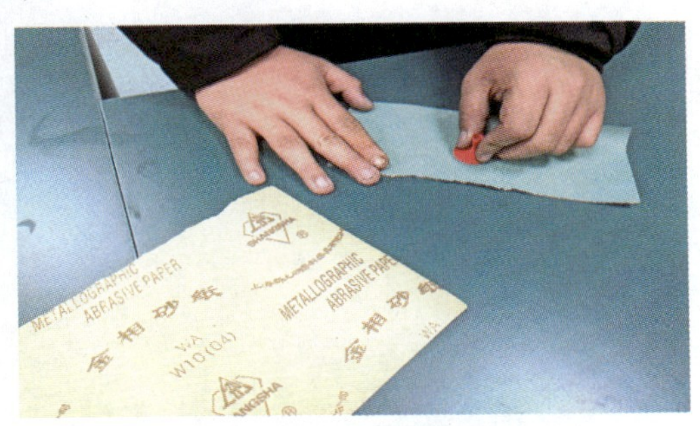

图 7-1-24　表面光洁处理

六、任务评价

序号	检测项目	项目要求	配分	评价			综合评价
				学生自评	小组评价	教师评价	
1	模型设计	设计合理	40				
2	数据转换	导出 Stl 格式文件	10				
3	模型打印	模型完整，支撑合理	30				
4	后置处理	去除支撑，表面光洁	10				
5	安全文明	符合 4S 管理规定	10				

七、任务小结

①在设计花瓶时用到 3D One Plus 的哪些命令?

②模型设计时遇到的问题有哪些?

③打印模型的流程是怎样的?

④打印模型时遇到的问题有哪些?

八、拓展训练

生活中还有哪些花瓶的样式? 发挥想象，设计一个花瓶。

任务二　茶杯的制作

任务描述：

设计一个茶杯，如图 7-2-1 所示。

图 7-2-1　茶杯

知识目标：

①巩固 3D One Plus 设计软件的“直线”“曲线”等草绘功能以及“旋转”等建模功能。

②掌握 3D One Plus 设计软件的“偏移曲线”“圆角”等草图编辑功能，“扫掠”的建模功能。

技能目标：

①能使用 3D one Plus 软件设计茶杯。

②能熟练使用 3D 打印机完成模型的打印。

任务准备：

①设备：计算机、3D 打印机（太尔 UP BOX+）。

②软件：3D one Plus。

③材料：ABS 3D 打印丝材（500 g）。

④工具：防护手套、铲刀、护目镜。

任务实施：

一、建立茶杯数字模型

①打开建模软件，并将视图方向调整到上。

图 7-2-2　常见茶杯

②确定茶杯关键尺寸。在软件左侧工具栏上单击“草图绘制”→“直线”按钮，绘制出关键尺寸，具体尺寸如图 7-2-3 所示，注意各直线端点需重合。

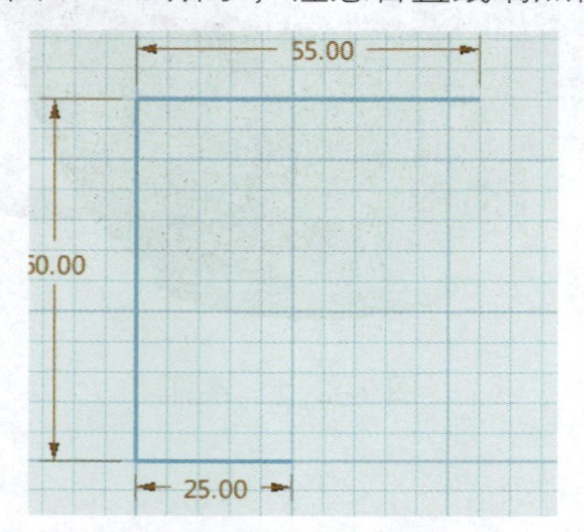

图 7-2-3　确定茶杯关键尺寸

③绘制茶杯轮廓线。观察茶杯外观特征，使用“曲线”和“直线”草图绘制功能，绘制茶杯曲面轮廓，注意使端点与端点重合，如图 7-2-4 所示。

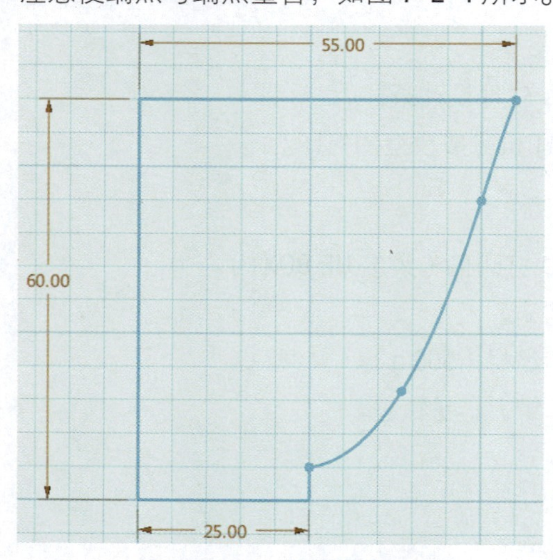

图 7-2-4　茶杯轮廓线

④根据茶杯厚度，偏移轮廓线。在软件左侧工具栏上单击“草图编辑”→“偏移曲

线”，将轮廓线朝轴线方向偏移 3 mm，如图 7-2-5 至图 7-2-7 所示。

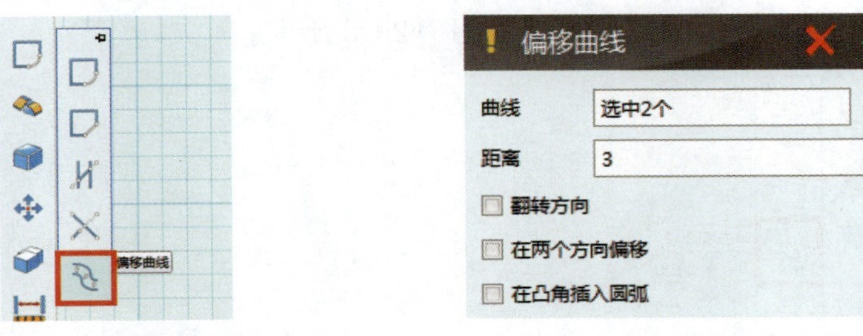

图 7-2-5　偏移曲线　　　　图 7-2-6　偏移曲线设置

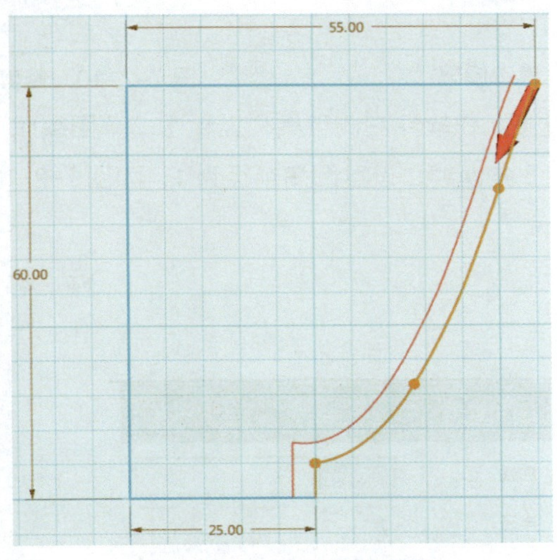

图 7-2-7　偏移曲线效果

⑤绘制杯底部分。根据茶杯外观特征，使用“直线”草图绘制功能绘制茶杯底部，注意保持 3 mm 的厚度并使端点与已有端点重合，如图 7-2-8 所示。

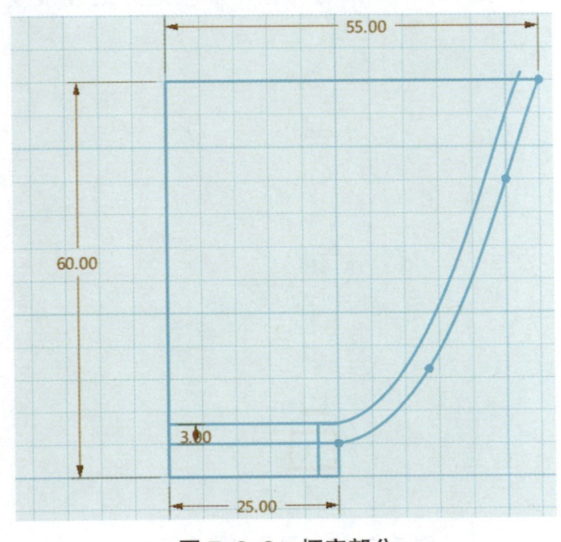

图 7-2-8　杯底部分

⑥修剪多余线条。在软件左侧工具栏上单击“草图编辑”→“修剪”，将多余的线条修剪，仅保留特征线条，如图 7-2-9 和图 7-2-10 所示。

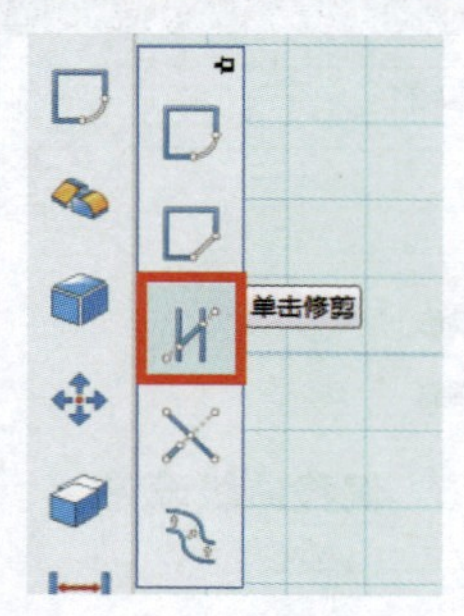

图 7-2-9 单击修剪

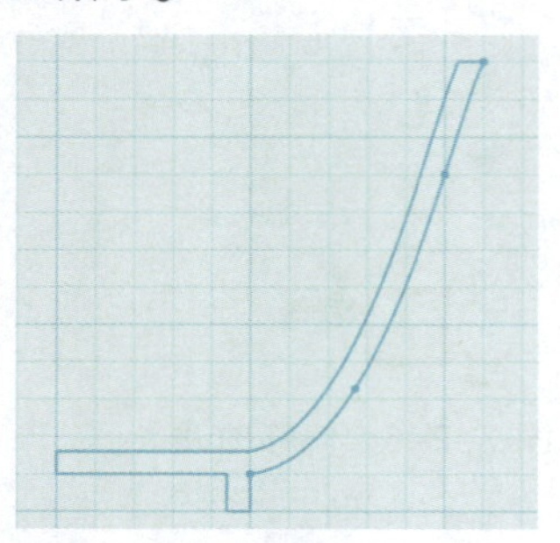

图 7-2-10 修剪后效果图

⑦对边界进行圆角过渡。在软件左侧工具栏上单击“草图编辑”→“圆角”，将边界进行圆角过渡；选中 8 条曲线，设置圆角半径为 1，如图 7-2-11 至图 7-2-13 所示。

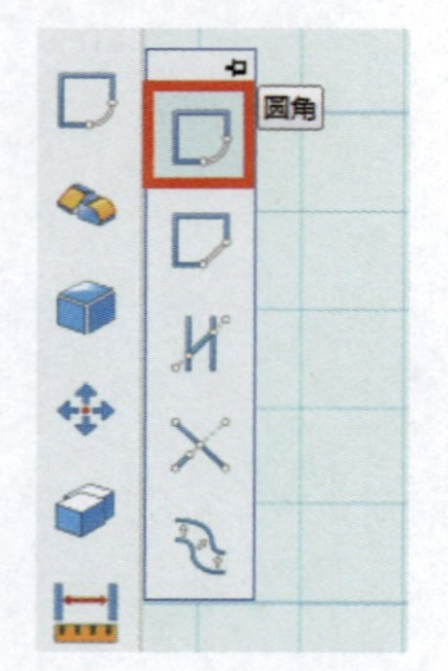

图 7-2-11 圆角

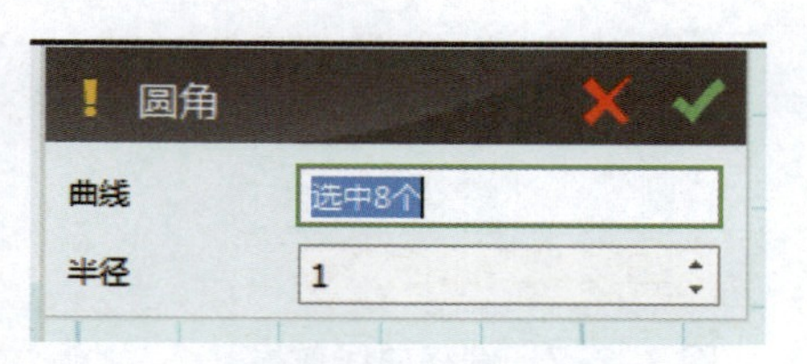

图 7-2-12 圆角设置

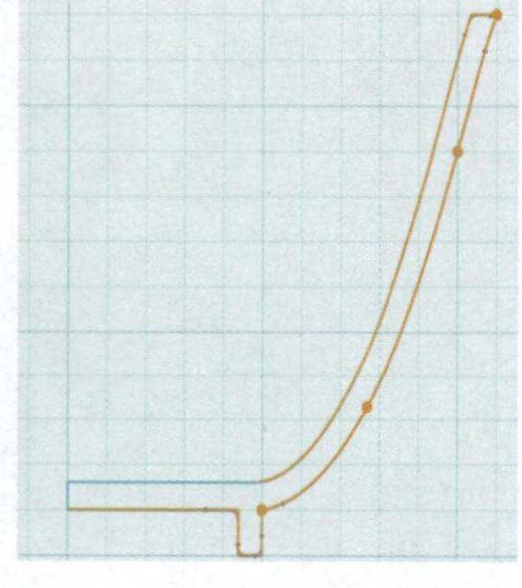

图 7-2-13 圆角效果

⑧检查草图曲线连通性。在软件左侧工具栏上单击“显示曲线连通性”，如图 7-2-14 所示，检查草图是否封闭，如果有方框，那就是此处线条没有封闭；如果有三角，那就是此处有重复线条。

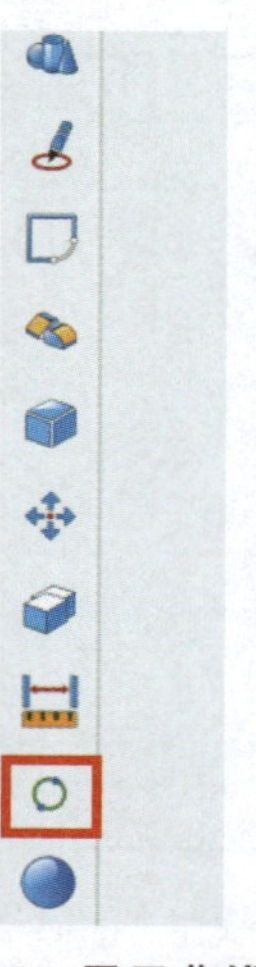

图 7-2-14 显示曲线连通性

⑨旋转得到茶杯杯体。单击 ，退出草图模式。退出草图模式后，封闭的草图显示为淡蓝色面。将鼠标置于草图上，选择浮动菜单上的“旋转” ，将草图旋转得到茶杯杯体。注意轴线为最左侧的竖直线段，如图 7-2-15 和图 7-2-16 所示。

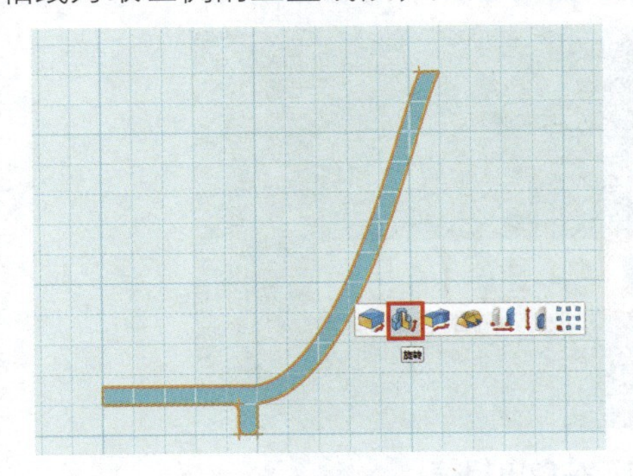

图 7-2-15　杯体轮廓

图 7-2-16　旋转效果

⑩绘制杯柄路径线。再次使用“曲线” 草图绘制功能，选择网格面为绘制平面。绘制杯柄的路径线，注意路径线起始点落于杯体内部，如图 7-2-17 所示。绘制完成后单击 ，退出草图模式。

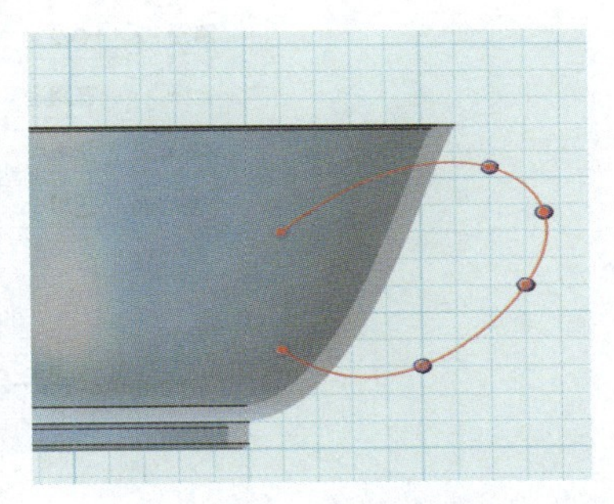

图 7-2-17　杯柄路径线

⑪绘制杯柄轮廓线。使用“草图绘制” →“椭圆形” 草图绘制功能，选择杯柄弧线为放置面平面原点，以原点为椭圆圆心，绘制一个椭圆为杯柄轮廓线，如图 7-2-18 和图 7-2-19 所示。

图 7-2-18　选择放置面

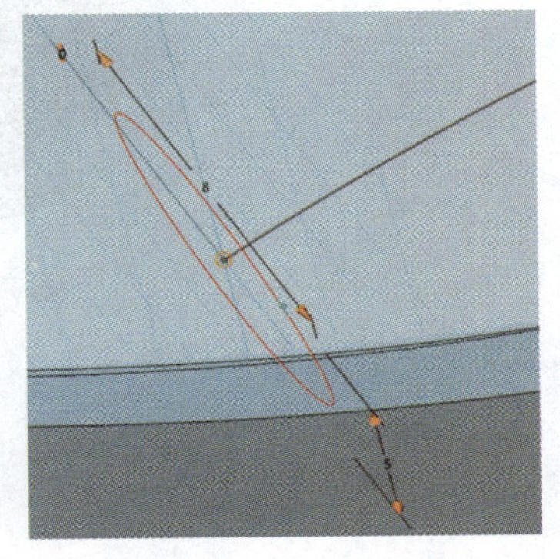

图 7-2-19　绘制椭圆

⑫扫掠得到杯柄。在软件左侧工具栏上单击 "特征造型"，选择 "扫掠"，如图7-2-20所示。以杯柄轮廓线为轮廓P1，杯柄路径线为路径P2；坐标选择"在路径"，其余不更改，如图7-2-21和图7-2-22所示。扫掠效果如图7-2-23所示。

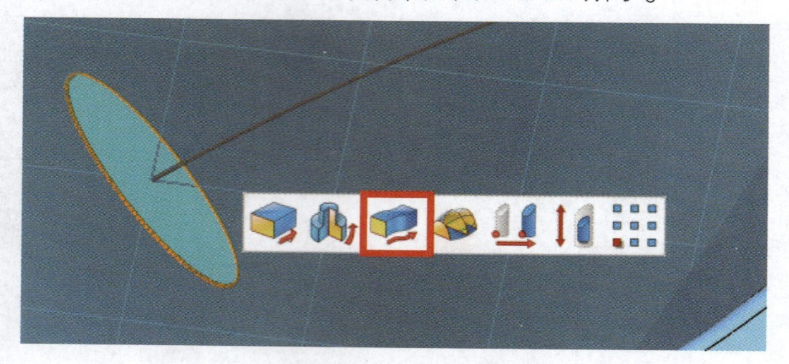
图7-2-20　浮动工具条中扫掠

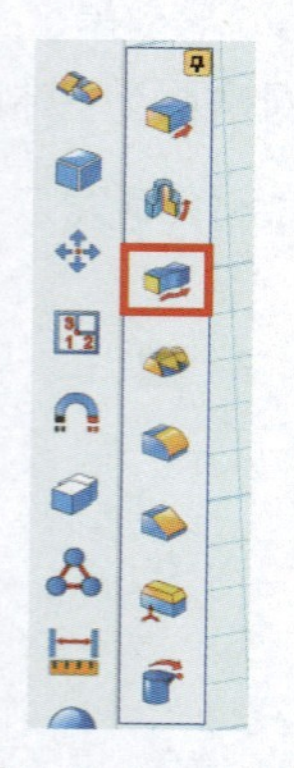
图7-2-21　扫掠

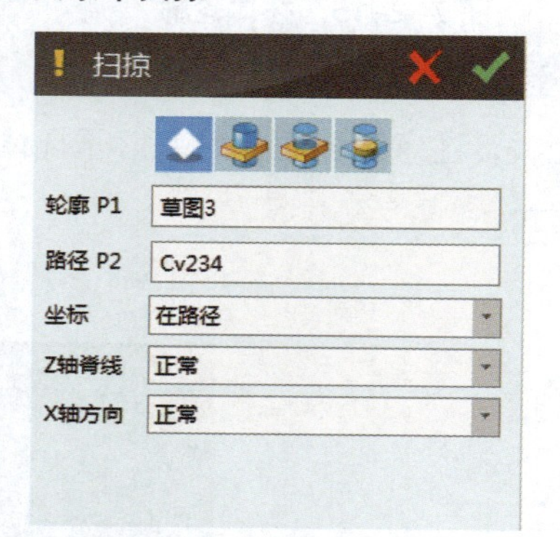

图7-2-22　扫掠设置

图7-2-23　扫掠效果

⑬加运算组合完成茶杯设计。在软件左侧工具栏上单击"组合编辑" ，选择组合方式为 "加运算"；选择杯体为基体，杯柄为合并体，杯体外表面为边界，如图7-2-24所示。

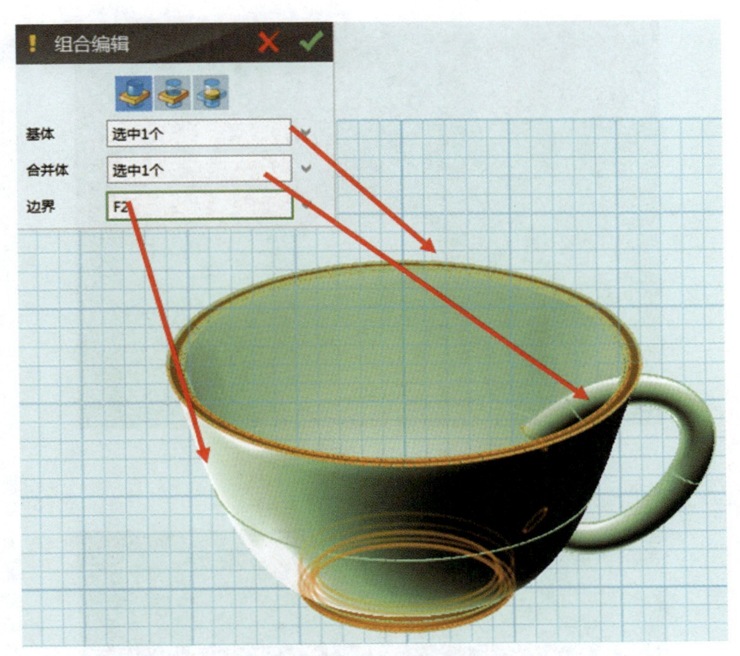

图 7-2-24　组合编辑设置

⑭完成数字模型。最后效果如图 7-2-25 所示。

图 7-2-25　完成效果

二、模型数据转换

"导出"→选择合适的保存位置→"文件名"输入"茶杯"→"保存类型（T）"选择".stl"格式→"保存（S）"。

三、模型打印

①将模型导入 UpStudio 软件，如图 7-2-26 所示。

图 7-2-26　导入预览

②改变模型放置方向，如图 7-2-27 所示。

图 7-2-27　改变放置方向

③按本项目任务一的参数设置打印参数。

④打印预览。其中蓝色部分为模型实体部分，黄色部分为支撑部分，如图 7-2-28 所示。

图 7-2-28　打印预览

四、模型后处理

模型后处理，如图 7-2-29 至图 7-2-31 所示。

图 7-2-29　取下成品

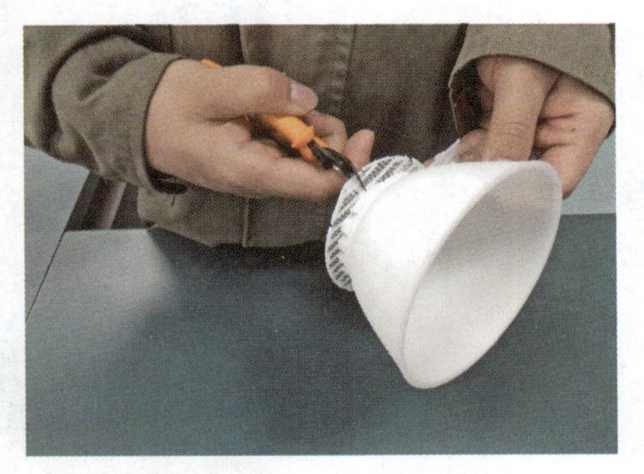

图 7-2-30　去除支撑

图 7-2-31　打磨抛光

五、任务评价

序号	检测项目	项目要求	配分	评价			综合评价
				学生自评	小组评价	教师评价	
1	模型设计	设计合理	40				
2	数据转换	导出 Stl 格式文件	10				
3	模型打印	模型完整，支撑合理	30				
4	后置处理	去除支撑，表面光洁	10				
5	安全文明	符合 4S 管理规定	10				

六、任务小结

①和花瓶的模型设计相比较，本次任务使用的命令有何不同？

②显示曲线连通性时，草图上出现三角符号如何解决？

③试按照图 7-2-2 设计一个杯碟模型。

任务三　南瓜的制作

任务描述：

设计一个南瓜，如图 7-3-1 所示。

图 7-3-1　南瓜

知识目标：

①巩固 3D One Plus 设计软件的“圆角”等草图编辑功能以及“扫掠”等建模功能。

②掌握 3D One Plus 设计软件的“阵列”等草图编辑功能，“放样”的建模功能。

技能目标：

①能使用 3D one Plus 软件设计南瓜。

②能熟练使用 3D 打印机完成模型的打印。

任务准备：

①设备：计算机、3D 打印机（太尔 UP BOX+）。

②软件：3D one Plus。

③材料：ABS 3D 打印丝材（500 g）。

④工具：防护手套、铲刀、护目镜。

任务实施：

一、建立茶杯数字模型

①打开建模软件，并将视图方向调整到上。

②绘制南瓜的特征轮廓线。

步骤 1：观察南瓜外观特征，使用“正多边形” 草图绘制功能，以原点为正多边形中心绘制一个正八边形，如图 7-3-2 和图 7-3-3 所示。

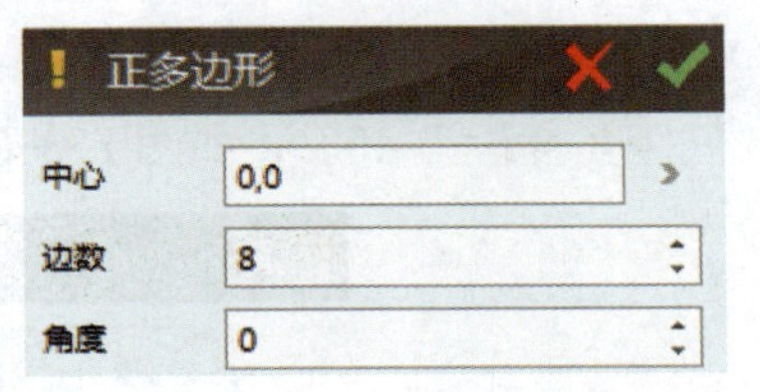

图 7-3-2　正多边形设置

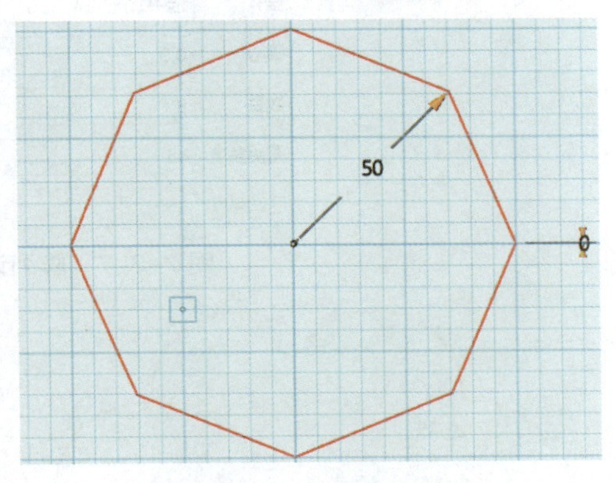

图 7-3-3　正八边形

步骤 2：使用 “圆弧”草图绘制功能，以正八边形中两个相邻顶点为圆弧起始点，绘制一段半径为 20 的圆弧，如图 7-3-4 所示。

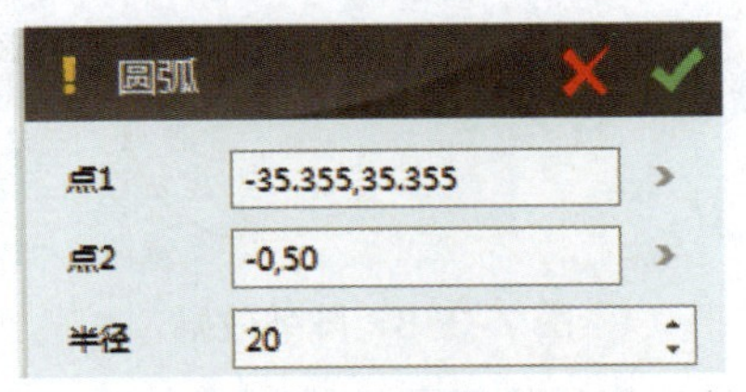

图 7-3-4　圆弧设置

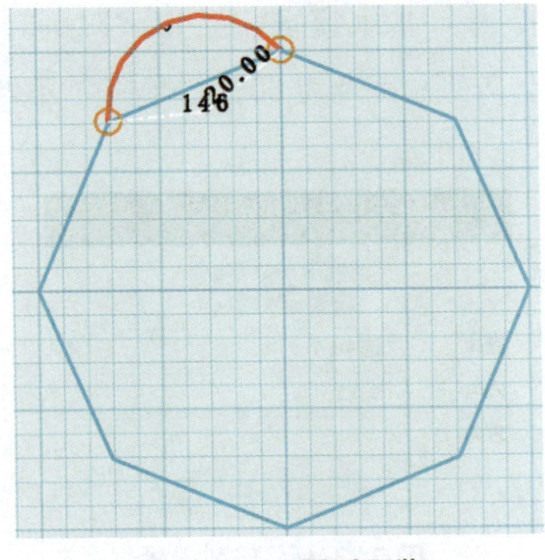

图 7-3-5　圆弧预览

步骤 3：删除正多边形。选择正多边形的八条边，按键盘上的“Delete”或“Backspace”键删除，或者单击 中的 “删除草图实体”也可实现删除。

步骤 4：阵列圆弧。选择 “基本编辑”→ “阵列”，将圆弧以原点为圆心，按 “圆形”阵列方式，阵列 8 个，间距角度设为 45°，如图 7-3-6 至图 7-3-8 所示。

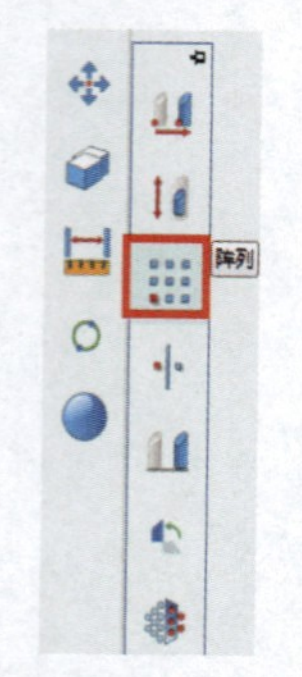

图 7-3-6　阵列

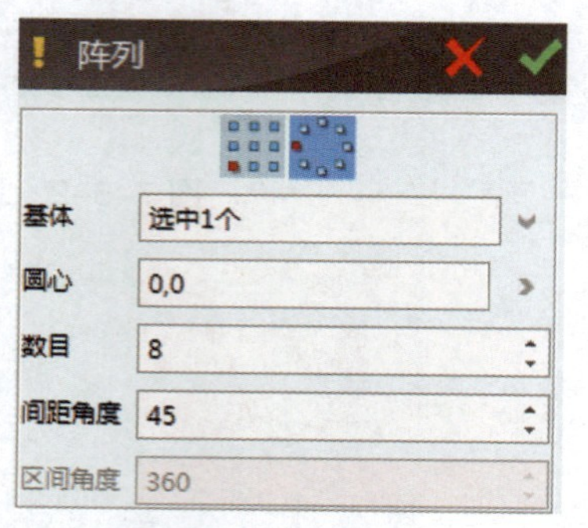

图 7-3-7　阵列设置

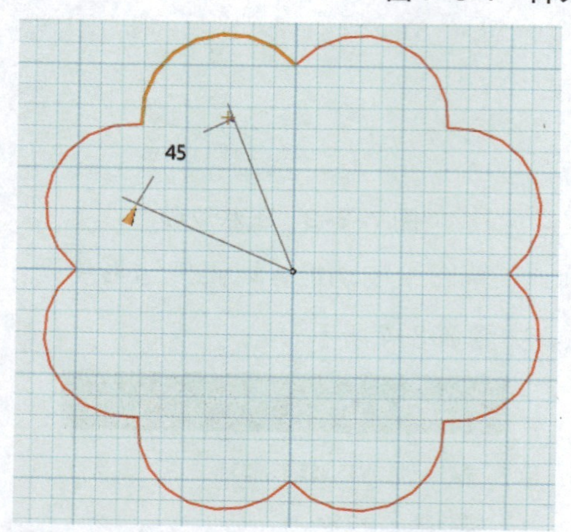

图 7-3-8　阵列效果

③单击 “完成”键，完成南瓜轮廓图的绘制。

④阵列南瓜轮廓图。选择 “基本编辑”→ “阵列”，将轮廓图按 “线性”阵列，方向为“0,0,1”z 轴方向，阵列总距离为 60，“方向 D”不做设置，如图 7-3-9 所示。效果如图 7-3-10 所示。

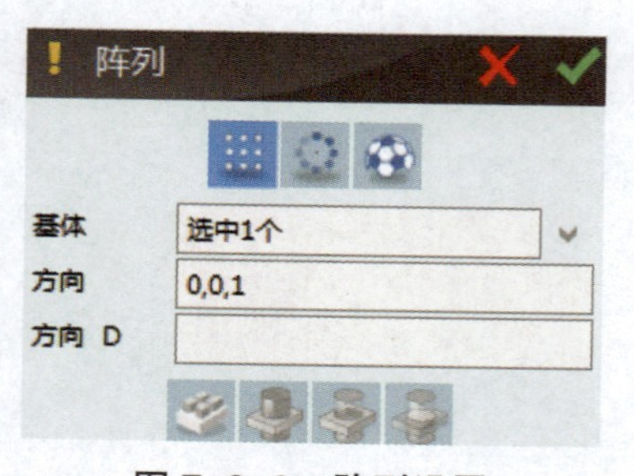

图 7-3-9　阵列设置

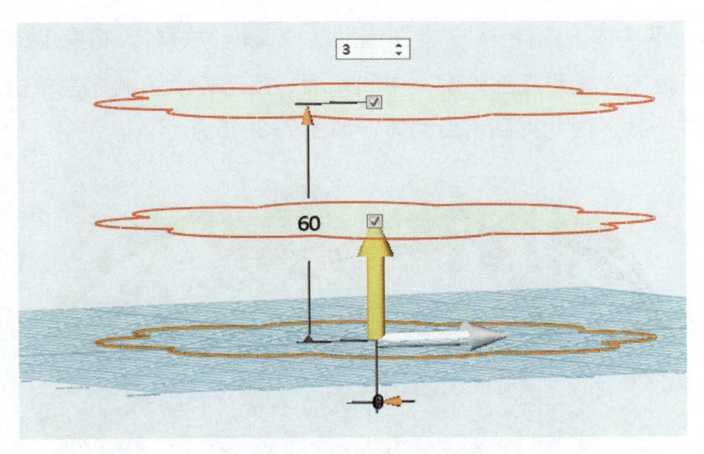

图 7-3-10　阵列效果

⑤对顶部和底部轮廓进行缩小。选择 “基本编辑” → “缩放”，分别对顶部轮廓和底部轮廓进行 0.2 倍和 0.3 倍的缩放，如图 7-3-11 至图 7-3-14 所示。

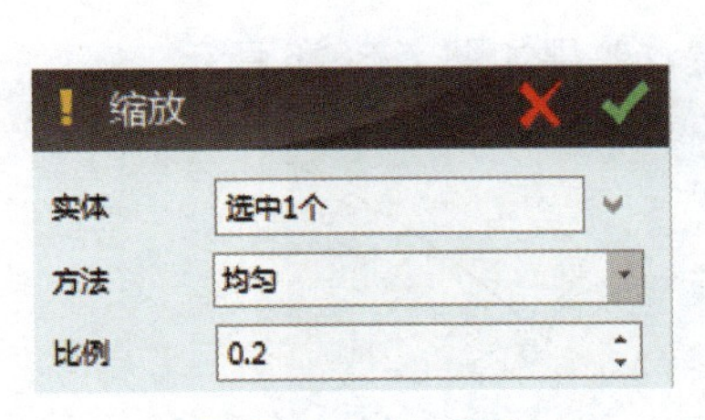

图 7-3-11　缩放

图 7-3-12　缩放效果

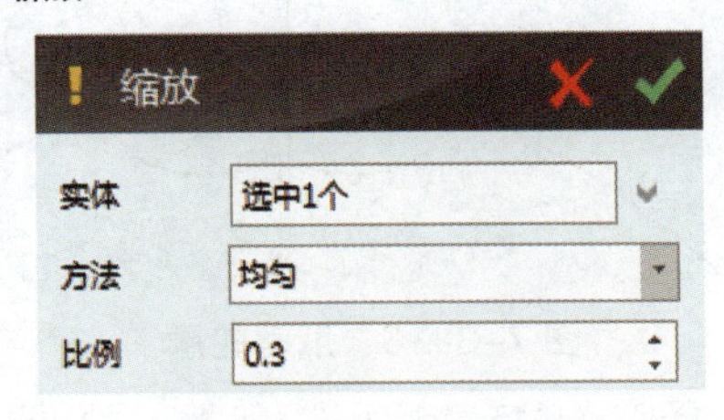

图 7-3-13　缩放设置

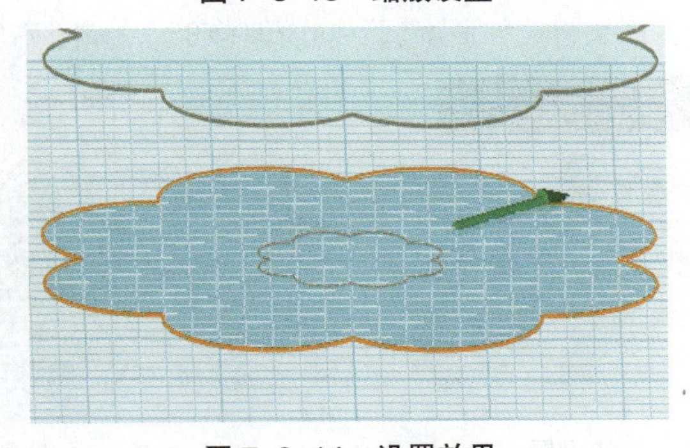

图 7-3-14　设置效果

⑥放样得到南瓜实体。选择 “特征造型” → “放样”，将南瓜的三个轮廓线选为轮廓 P，注意选择顺序应按照底部轮廓→中间轮廓→顶部轮廓的顺序去单击三条轮廓线，并且注意箭头方向应一致，由此得到南瓜实体，如图 7-3-15 所示。

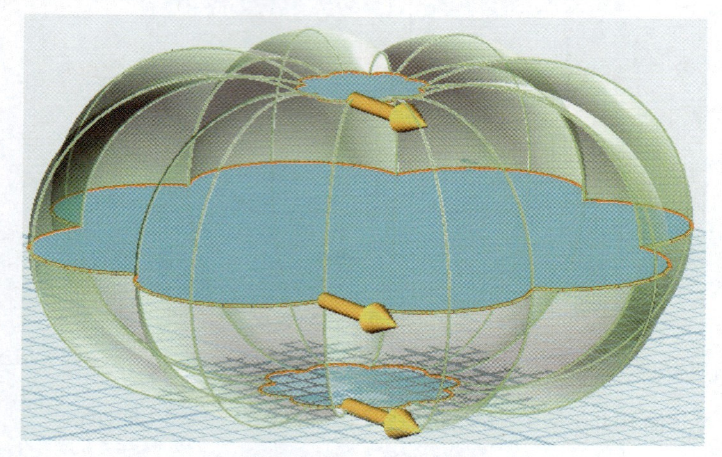

图 7-3-15　放样效果

⑦绘制瓜蒂轮廓。以南瓜顶部表面为基准面，在其中心绘制一个正十五边形 。正多边形中心为基准面圆心。绘制完成后单击 “完成” 键，效果如图 7-3-16 所示。

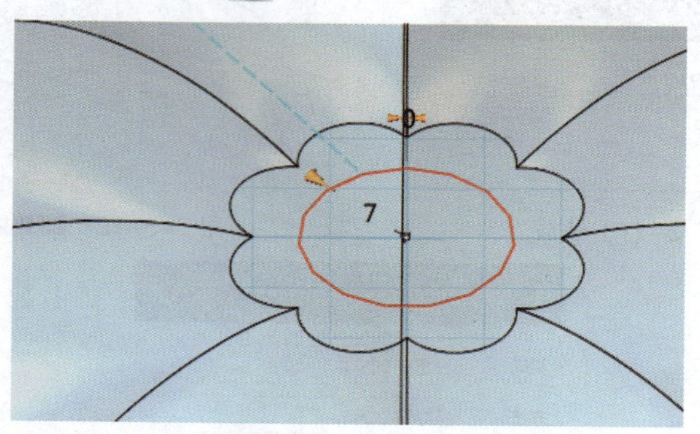

图 7-3-16　瓜蒂轮廓

⑧拉伸轮廓得到瓜蒂。选择 “特征造型” → “拉伸”，以瓜蒂轮廓为轮廓 P，拉伸高度 17，选择水平橙色箭头将拉伸角度调到向内偏移 8°，如图 7-3-17 和图 7-3-18 所示。

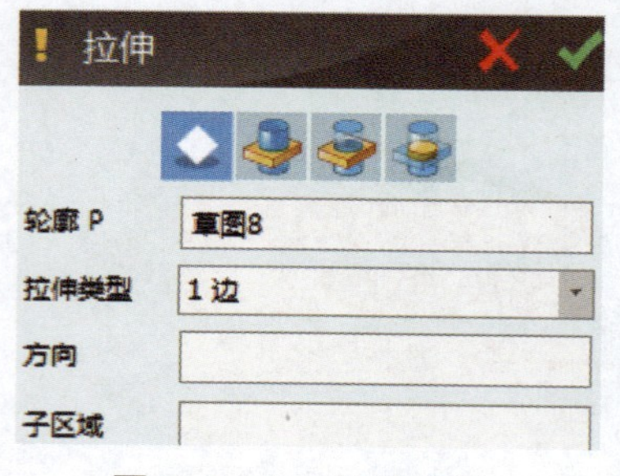

图 7-3-17　拉伸设置

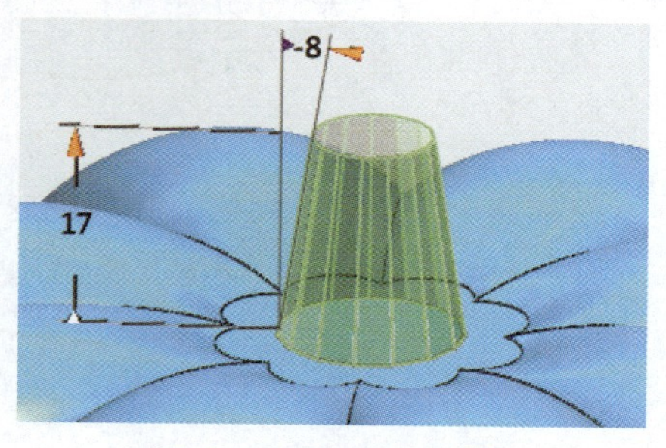

图 7-3-18　拉伸效果

⑨更改模型颜色。单击 “颜色”，将瓜蒂部分颜色改为绿色，南瓜瓜身部分改为橙色，效果如图 7-3-19 所示。

图 7-3-19 改色效果

⑩加运算。将瓜身和瓜蒂进行加运算得到整体模型，如图 7-3-20 所示。

图 7-3-20 加运算

⑪完成模型设计。最后效果如图 7-3-21 所示。

图 7-3-21 完成效果

二、模型数据转换

“导出” →选择合适的保存位置→ “文件名” 输入 “南瓜” → “保存类型（T）” 选择 “.stl” 格式→ “保存（S）”。

三、模型打印

①将模型导入 UpStudio 软件，使用 “自动摆放” 功能，如图 7-3-22 所示。

图 7-3-22　自动摆放

②按本项目任务一的参数设置打印参数。

③打印预览。其中蓝色部分为模型实体部分，黄色部分为支撑部分，如图 7-3-23 所示。

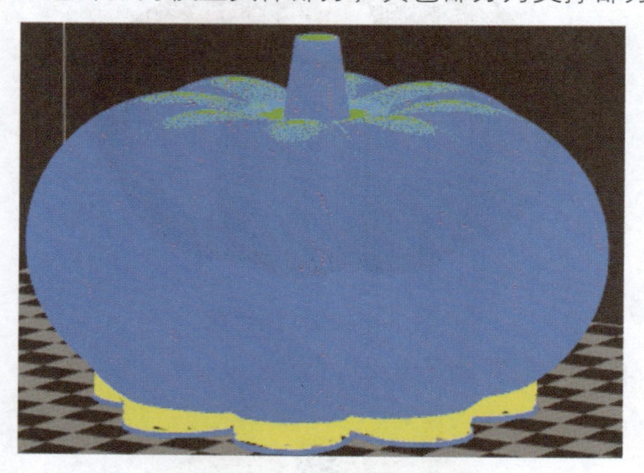

图 7-3-23　打印预览

四、模型后处理

模型后处理如图 7-3-24 至图 7-3-26 所示。

图 7-3-24　取下成品

图 7-3-25　去除支撑

图 7–3–26　打磨抛光

五、任务评价

序号	检测项目	项目要求	配分	评价			综合评价
				学生自评	小组评价	教师评价	
1	模型设计	设计合理	40				
2	数据转换	导出 Stl 格式文件	10				
3	模型打印	模型完整，支撑合理	30				
4	后置处理	去除支撑，表面光洁	10				
5	安全文明	符合 4S 管理规定	10				

六、任务小结

①如果扫掠时各个轮廓箭头方向不一样会是什么效果?

②试用“放样”的功能绘制一个更逼真的瓜蒂。

③尝试用“放样”功能设计一个钻石模型。

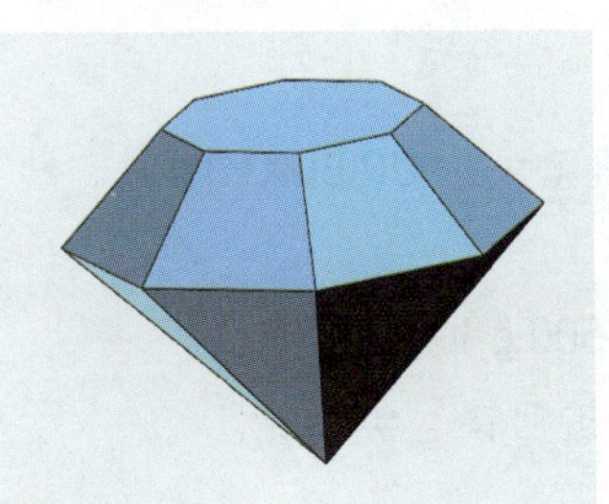

图 7–3–27　钻石模型

任务四　香皂盒的制作

任务描述：

设计一个香皂盒，如图 7-4-1 所示。

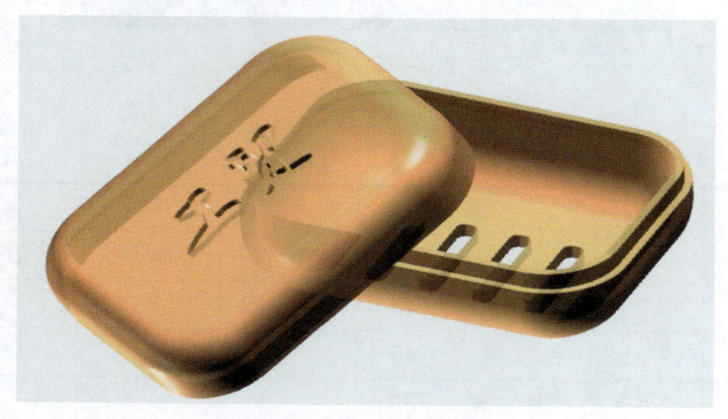

图 7-4-1　香皂盒

知识目标：

①掌握 3D One Plus 设计软件的“直线”“矩形”“阵列”等草绘功能。

②掌握 3D One Plus 设计软件的“倒角”“拉伸”“预制文字”等建模功能。

技能目标：

①能使用 3D one Plus 软件设计香皂盒。

②能熟练使用 3D 打印机完成模型的打印。

任务准备：

①设备：计算机、3D 打印机（太尔 UP BOX+）。

②软件：3D one Plus。

③材料：ABS 3D 打印丝材（500 g）。

④工具：防护手套、铲刀、护目镜、尖嘴钳。

任务实施：

一、建立香皂盒数字模型

①单击“基本实体”→“六面体”，建立一个 100 mm×75 mm×30 mm 的六面体为香皂盒盒身，如图 7-4-2 所示。

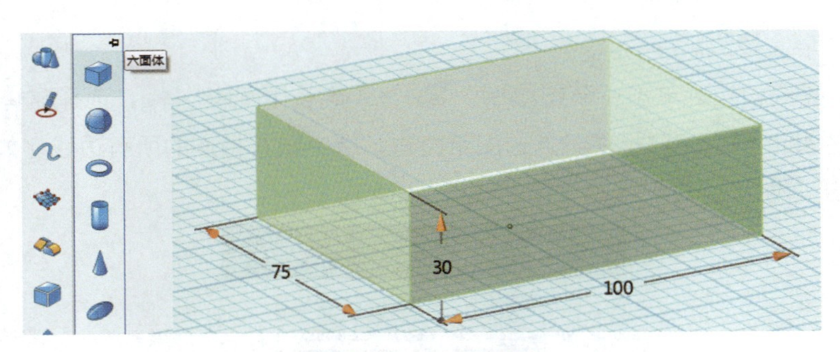

图 7-4-2　六面体图

②单击“特征造型” → “圆角” ，给香皂盒倒 R20 的圆角，如图 7-4-3 所示。

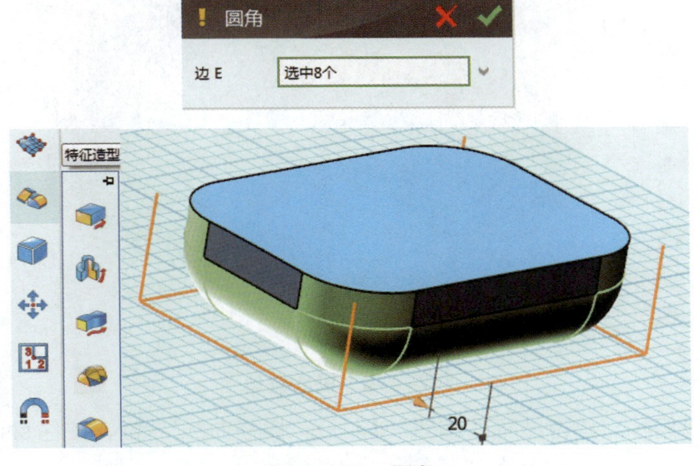

图 7-4-3　圆角

③抽壳。单击“特殊功能” → “抽壳” ，给香皂盒盒身抽壳，开放面选择六面体上表面，如图 7-4-4 所示。

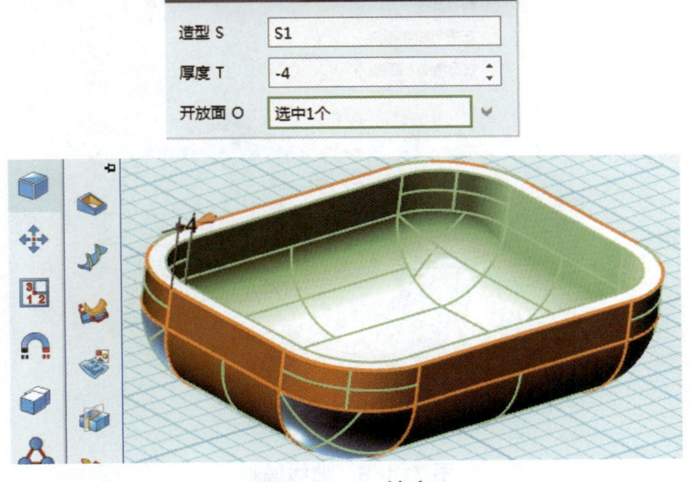

图 7-4-4　抽壳

④制作香皂盒棱边。

步骤 1：提取棱边。单击“草图绘制” → “参考几何体” ，选择盒体上表面为草图平面；按住 shift 键后用鼠标左键点选图示棱边，选中跟它相连的所有边线，如图 7-4-5 所示，然后单击“确定”。

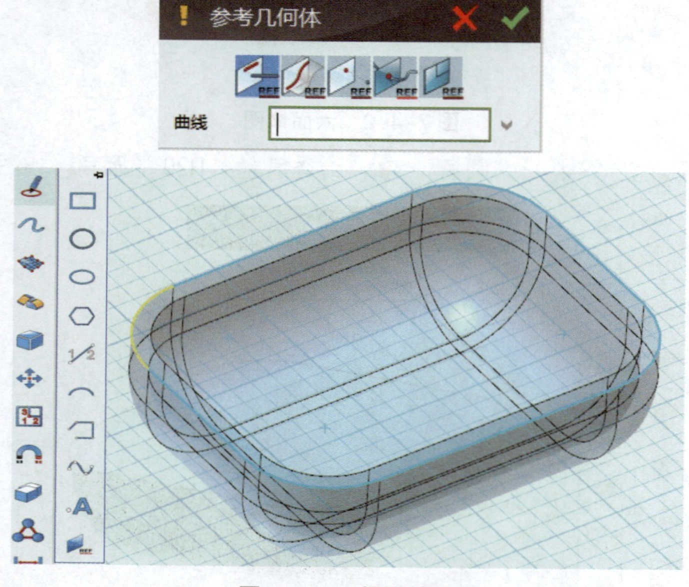

图 7-4-5　提取棱边

步骤 2：曲线偏移。单击“草图编辑” → “偏移曲线” ，按住 shift 键选中最外圈轮廓线，把盒子最外轮廓线往里偏移 2 mm；单击大钩，完成草图绘制，如图 7-4-6 所示。

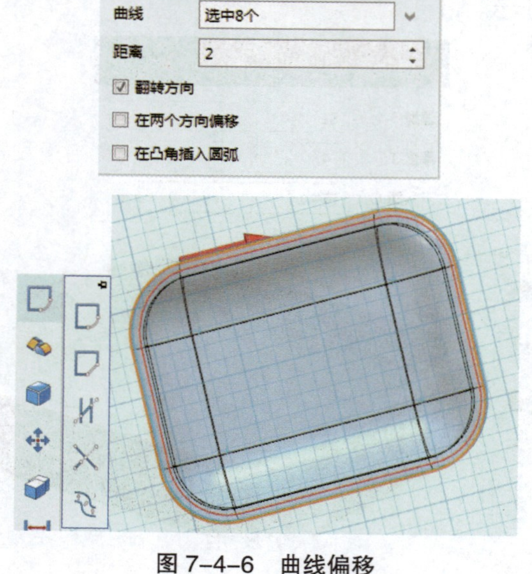

图 7-4-6　曲线偏移

步骤 3：拉伸。单击“特征造型” → “拉伸” ，拉伸高度为 -5 mm，选择减运算，如图 7-4-7 所示。

图 7-4-7　拉伸

⑤生成香皂盒上盖实体。单击“草图绘制” → “参考几何体” ，选择盒体上台阶平面为草图平面；按住 shift 键后用鼠标左键点选图示棱边，选中跟它相连的所有边线，如图 7-4-8 所示；单击“确定”，再单击大钩。

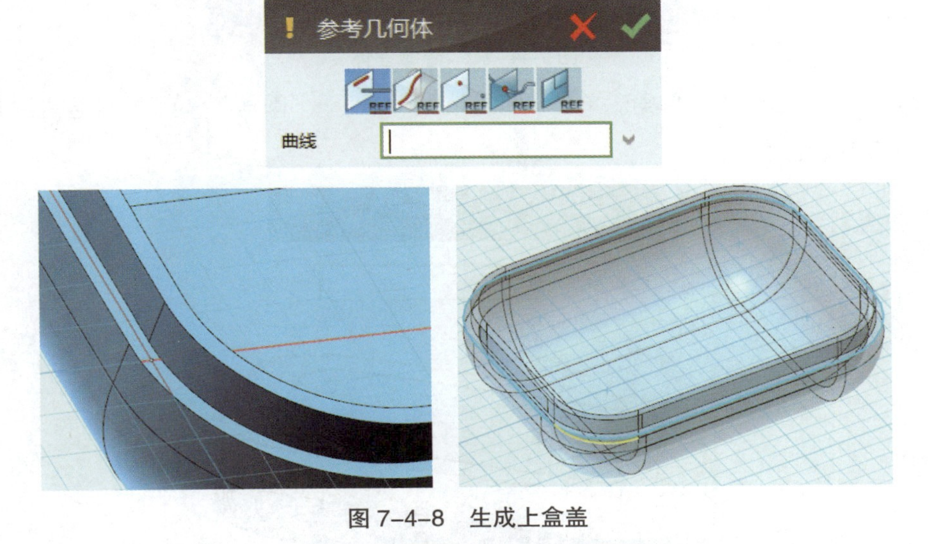

图 7-4-8　生成上盒盖

⑥拉伸成实体。单击“特征造型” → “拉伸” ，拉伸高度为 20 mm，选择基体，如图 7-4-9 所示。

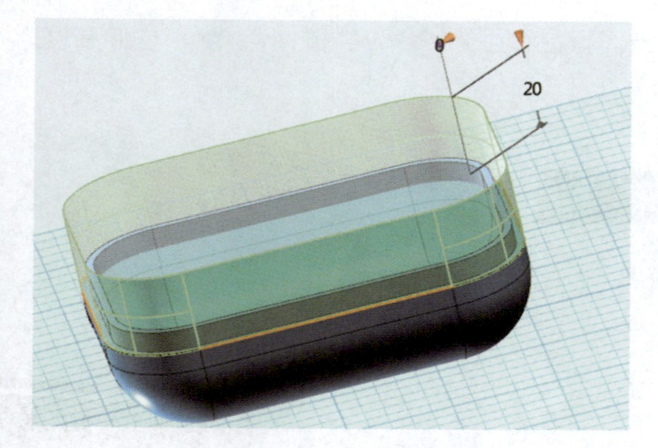

图 7-4-9　拉伸

⑦隐藏下盒体，对上壳体进行倒角抽壳。

步骤 1：隐藏盒体。单击“显示 / 隐藏”→“隐藏”，选择下盒体进行隐藏，如图 7-4-10 所示。

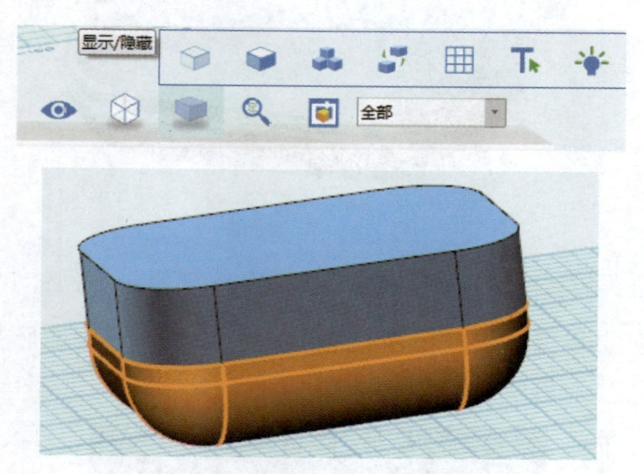

图 7-4-10　隐藏盒体

步骤 2：对上盒体进行倒角。单击“特征造型”→“圆角”，给香皂盒倒 R20 的圆角，如图 7-4-11 所示。

图 7-4-11　圆角

步骤 3：抽壳。单击“特殊功能”→“抽壳”，给香皂盒盒身抽壳，开放面选择盒体下表面，如图 7-4-12 所示。

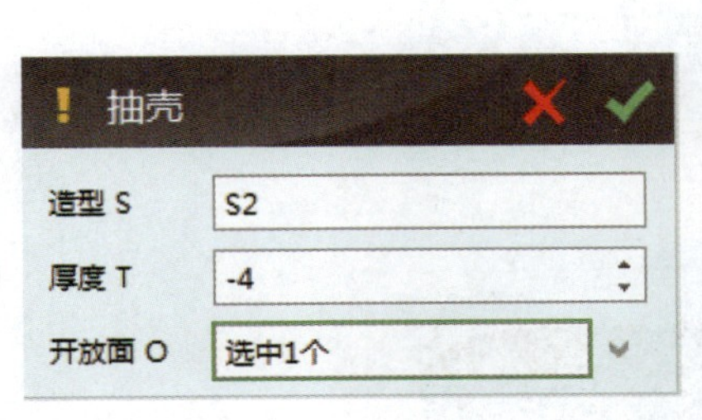

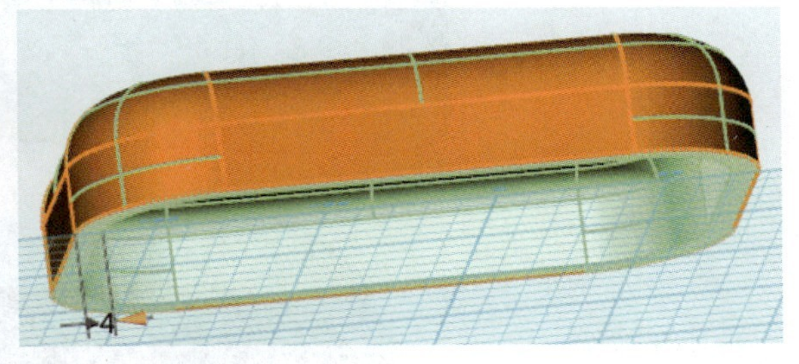

图 7-4-12　抽壳

⑧制作上盒体的棱边，保证和下盒体的配合。

步骤 1：提取上盒盖棱边。单击“草图绘制”→“参考几何体”，选择上盒体下表面为草图平面，按住 shift 键后用鼠标左键点选图 7-4-13 所示棱边，选中跟它相连的所有边线，单击“确定”。

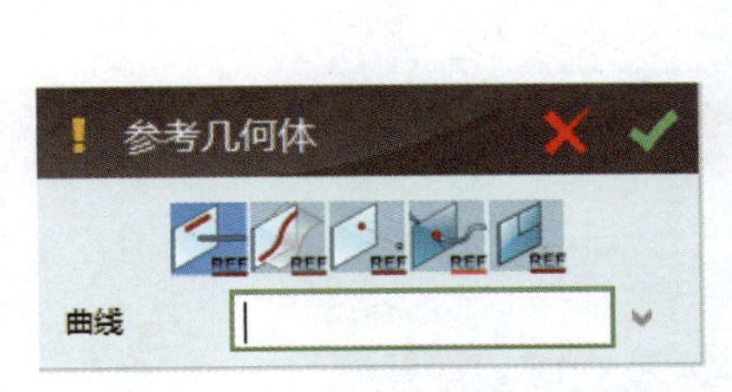

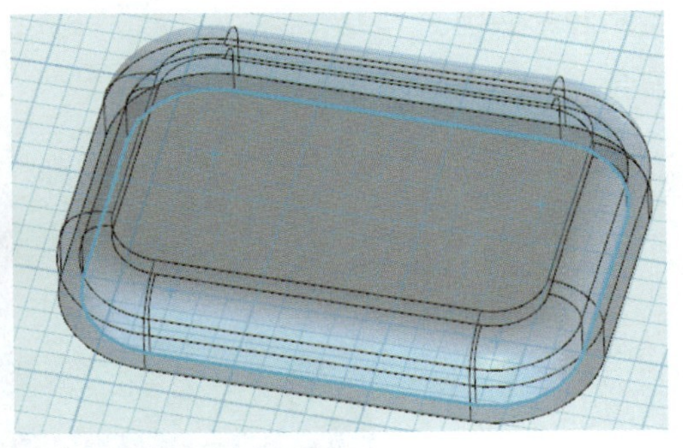

图 7-4-13　提取上盒盖棱边

步骤 2：偏移曲线。单击“草图编辑”→“偏移曲线”，按住 shift 键选中上图草图曲线，按图示方向向外偏移 2.4 mm，如图 7-4-14 所示。单击大钩，完成草图绘制。

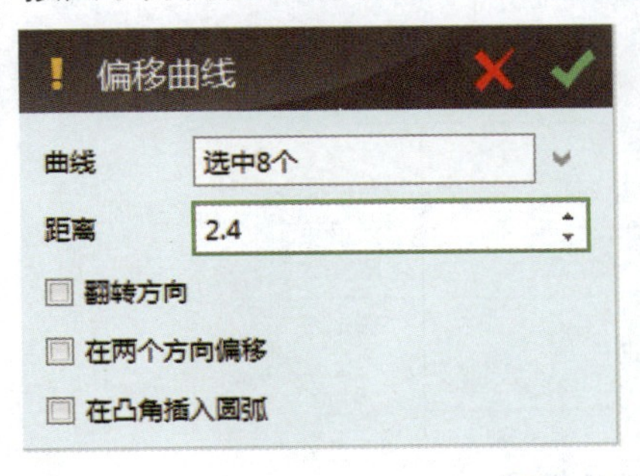

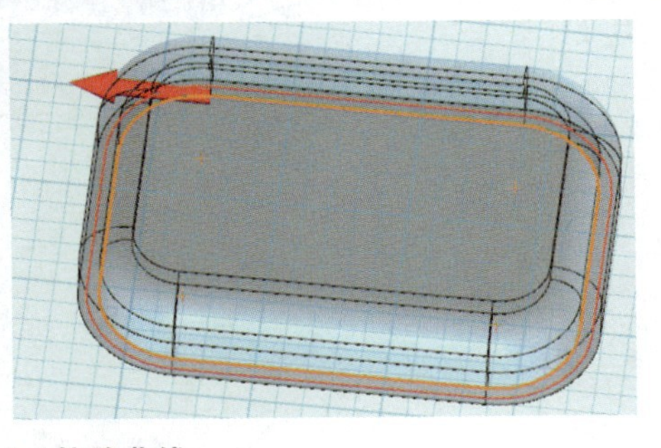

图 7-4-14　偏移曲线

步骤 3：拉伸。单击“特征造型”→“拉伸”，拉伸高度为 6 mm，选择减运算，如图 7-4-15 所示。

图 7-4-15　拉伸

⑨显示全部实体。单击“显示 / 隐藏” → “显示全部” ，打开“消隐”模式观看棱边配合，如图 7-4-16 所示。

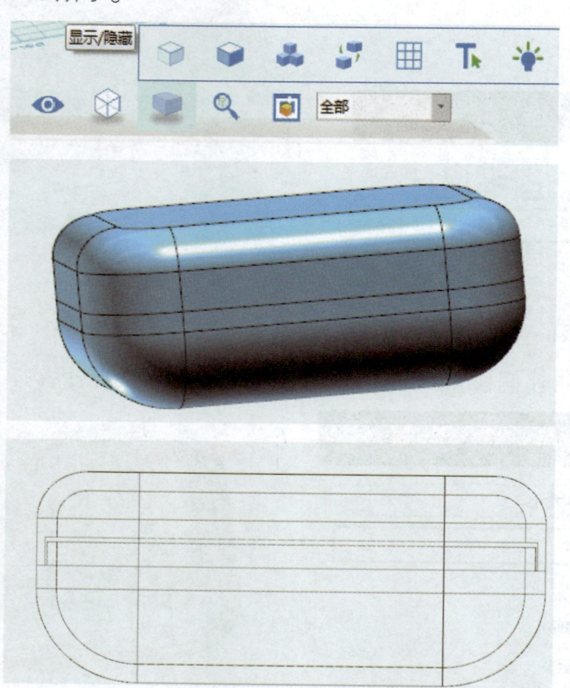

图 7-4-16　消隐模式

⑩在香皂盒上刻字。

步骤 1：刻字。单击“草图绘制” → “文字” ，草图平面选择香皂盒上盖上表面，如图 7-4-17 所示，单击大钩完成草图。

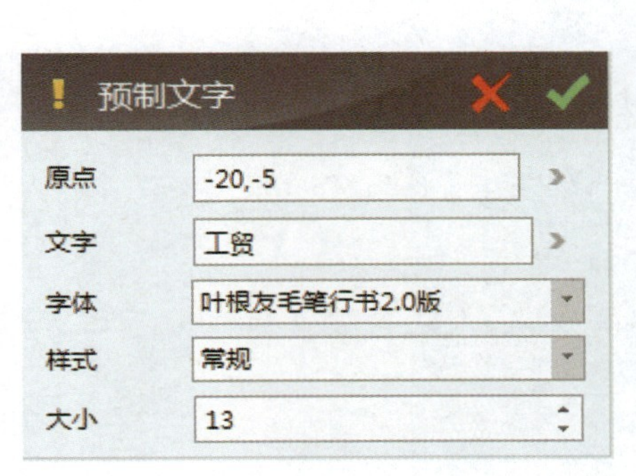

图 7-4-17　刻字

步骤 2：拉伸文字。加运算为往外凸的文字，减运算为往进凹的文字。单击“特征造型” → “拉伸” ，拉伸高度为 2 mm，选择加运算或减运算，如图 7-4-18 所示。

图 7-4-18　拉伸字体

⑪在香皂盒底部打孔。

步骤 1：绘制孔草图。单击“草图绘制” → “矩形” ，在香皂盒底部平面画草图，如图 7-4-19 所示。

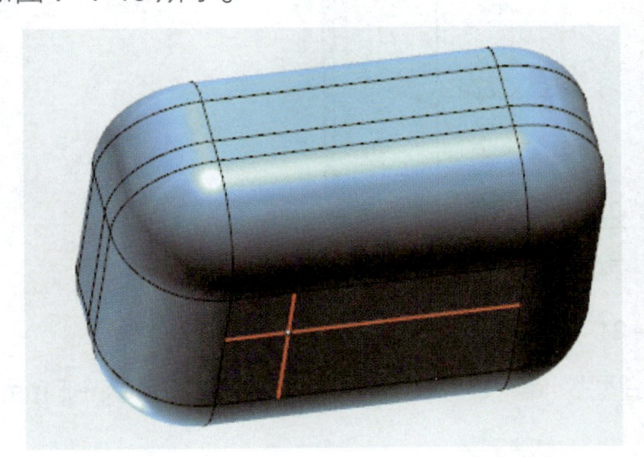

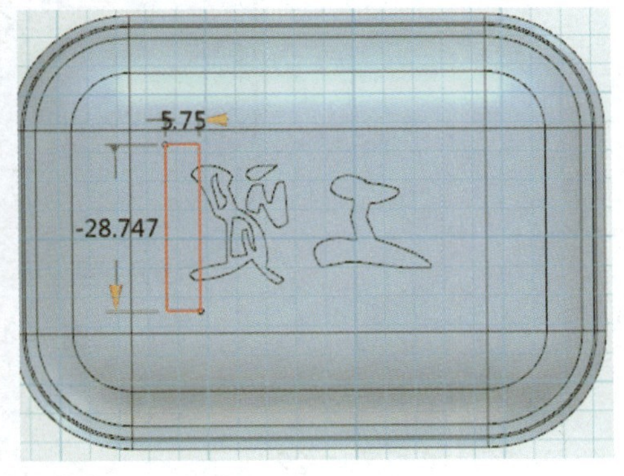

图 7-4-19　绘制矩形

单击“草图编辑” → “圆角” ，给矩形倒角，如图 7-4-20 所示。

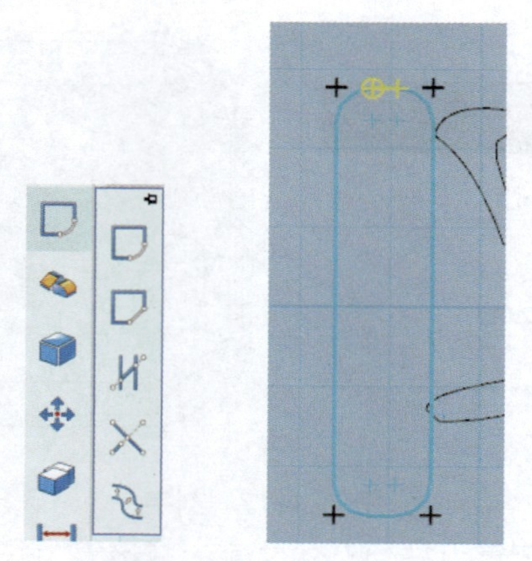

图 7-4-20　草图圆角

单击“基本编辑” → “阵列” ，绘制一排圆孔草图，如图 7-4-21 所示。

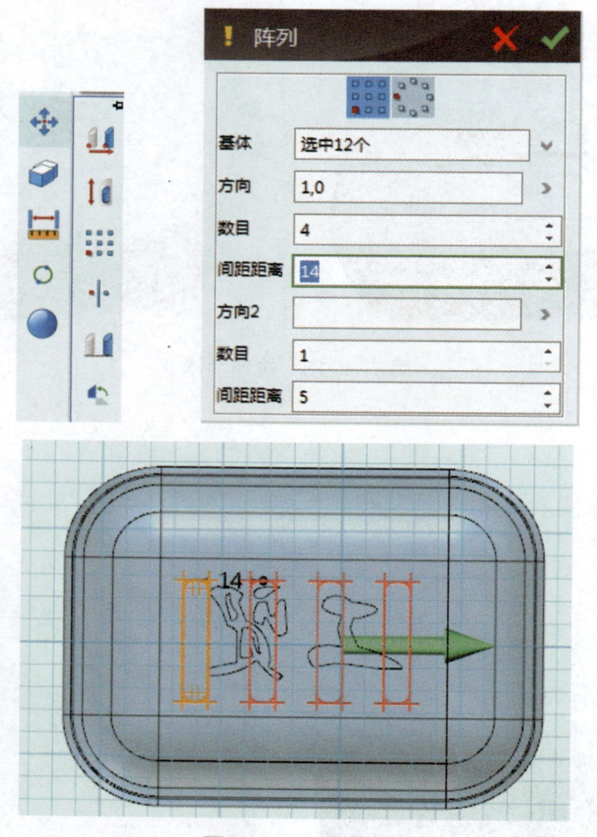

图 7-4-21　阵列

步骤 2：拉伸长形孔草图。单击“特征造型” → “拉伸” ，拉伸高度为 -5 mm，选择减运算，如图 7-4-22 所示。

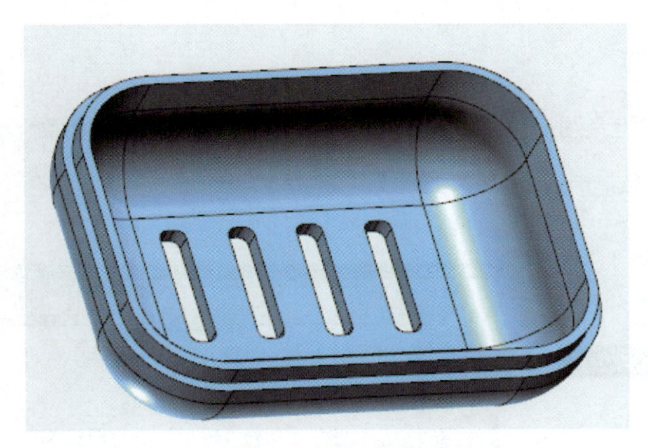

图 7-4-22　拉伸

⑫对香皂盒进行材质、颜色渲染。单击“颜色”，选择自己喜欢的颜色和合适的透明度，如图 7-4-23 所示。

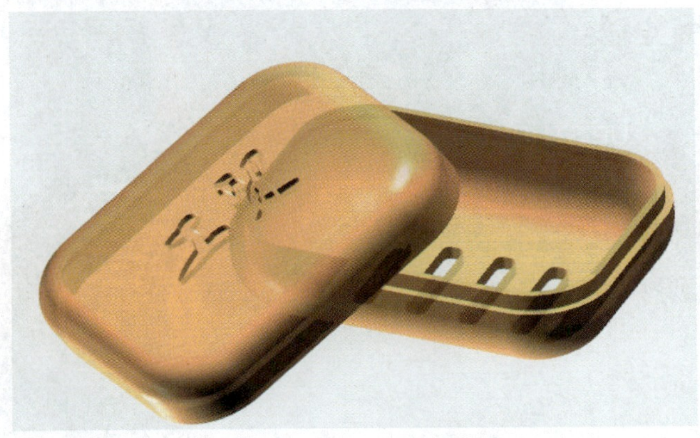

图 7-4-23　完成图

二、文件格式转换

单击软件界面左上角图标 3D One Plus →“导出”→选择合适的保存位置→“文件名”输入“香皂盒”→“保存类型（T）”选择“.stl”格式→“保存（S）”，如图 7-4-24 所示。

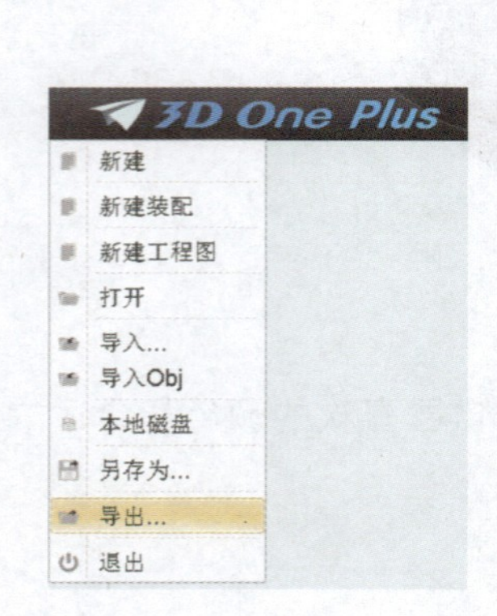

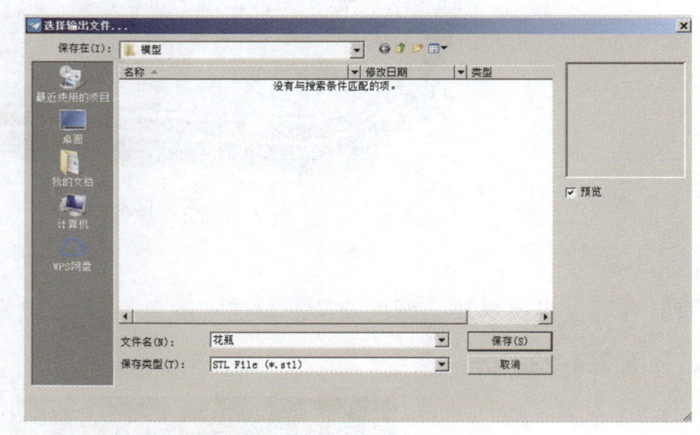

图 7-4-24　导出视图

三、模型放置

①双击“UP Studio”图标 UPStudio，打开太尔 UP BOX+ 3D 打印机操作软件，其界面如图 7-4-25 所示。

图 7-4-25　Up Studio 软件界面

②单击“文件” 进入操作界面，如图 7-4-26 所示。

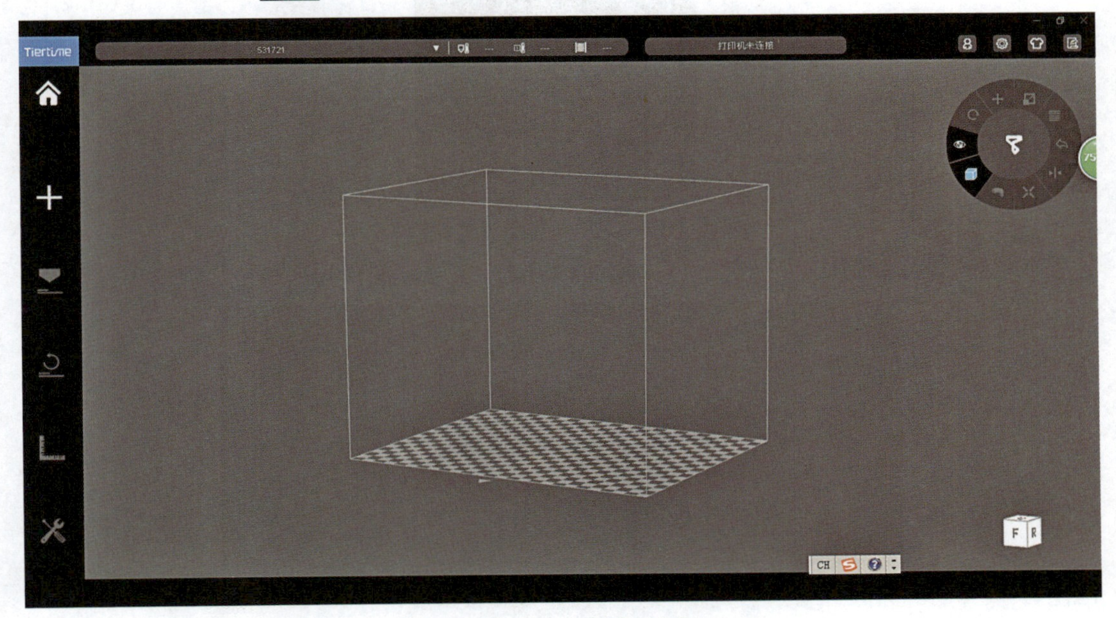

图 7-4-26　模型操作界面

③单击“添加” → “添加模型” →选择香皂盒模型→ “打开”，如图 7-4-27 所示。

图 7-4-27　载入文件

④选择右上方“模型调整轮”  → “旋转” → “选面置底 ， 如图 7-4-28 所示。

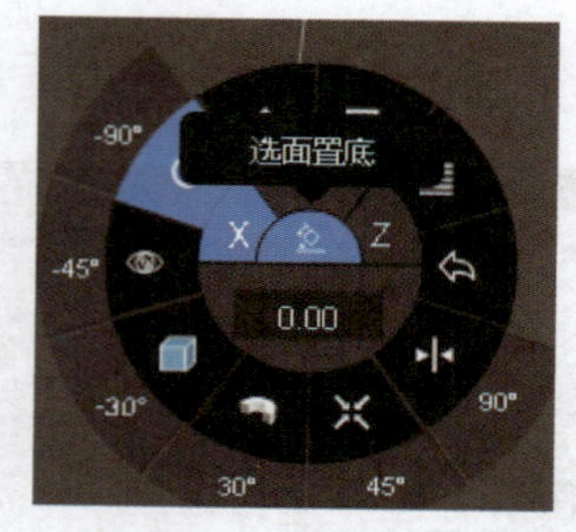

图 7-4-28　模型调整轮

⑤选择香皂盒底面→“确定”，完成模型的摆放，如图 7-4-29 所示。

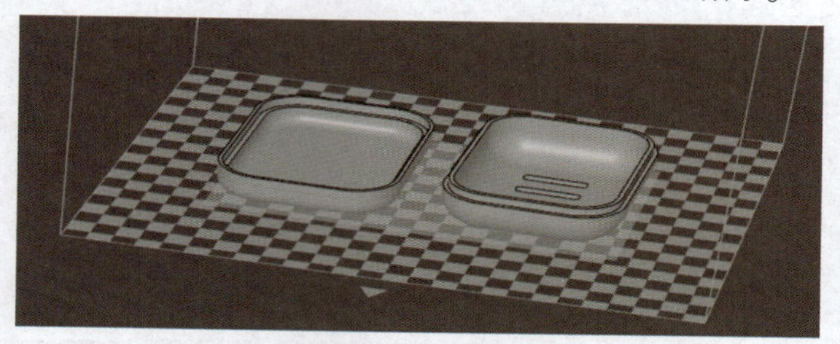
图 7-4-29　模型摆放

四、打印参数设置

①单击“初始化”按钮，完成打印机初始化。

②单击“打印”按钮，设置打印参数。

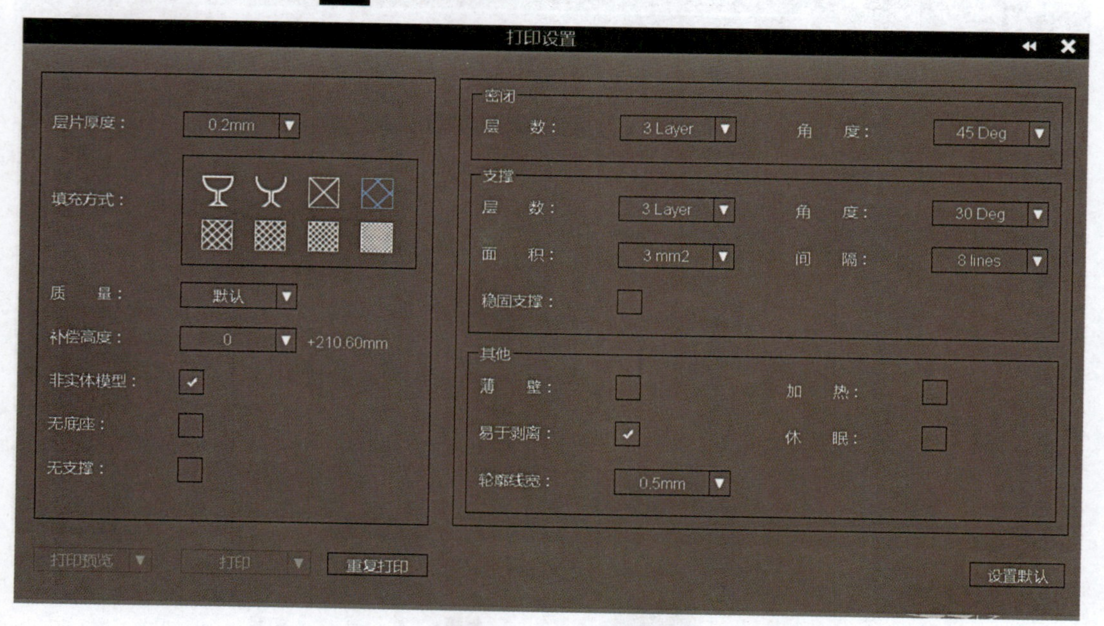

图 7-4-30　打印设置

③“层片厚度”设置为“0.2”。

④“填充方式”选择第 4 种。

⑤单击“打印预览”，将显示该模型打印的时间及消耗的材料，如图 7-4-31 所示。

图 7-4-31　打印信息

五、后置处理

①剥离模型支撑，如图 7-4-32 所示。

图 7-4-32　剥离底座及去除支撑

②表面光洁处理，如图 7-4-33 所示。

图 7-4-33　打磨抛光

六、任务评价

序号	检测项目	项目要求	配分	评价			综合评价
				学生自评	小组评价	教师评价	
1	模型设计	设计合理	40				
2	数据转换	导出 .Stl 格式文件	10				
3	模型打印	模型完整，支撑合理	30				
4	后置处理	去除支撑，表面光洁	10				
5	安全文明	符合 4S 管理规定	10				

七、任务小结

①在设计香皂盒时用到 3D One Plus 的哪些命令?

②模型设计时遇到的问题有哪些?

③打印模型的流程是什么?

④打印模型时遇到的问题有哪些?

八、拓展训练

生活中还有哪些香皂盒的样式?发挥想象，设计一个香皂盒。

任务五　米奇头像的制作

任务描述：

设计一个米奇头像，如图 7-5-1 所示。

图 7-5-1　米奇头像

知识目标：

①掌握 3D One Plus 设计软件的"通过点绘制曲线""直线""椭圆"等草绘功能。

②掌握 3D One Plus 设计软件的"投影曲线""镶嵌曲线""动态移动""复制""抽壳"等建模功能。

技能目标：

①能使用 3D one Plus 软件设计米奇头像。

②能熟练使用 3D 打印机完成模型的打印。

任务准备：

①设备：计算机、3D 打印机（太尔 UP BOX+）。

②软件：3D one Plus。

③材料：ABS 3D 打印丝材（500 g）。

④工具：防护手套、铲刀、护目镜、尖嘴钳。

任务实施：

一、建立米奇头像模型

①单击"基本实体"→"椭球体"，建立一个 28 mm×30 mm×20 mm 的椭球

体为米奇头部，如图 7-5-2 所示。

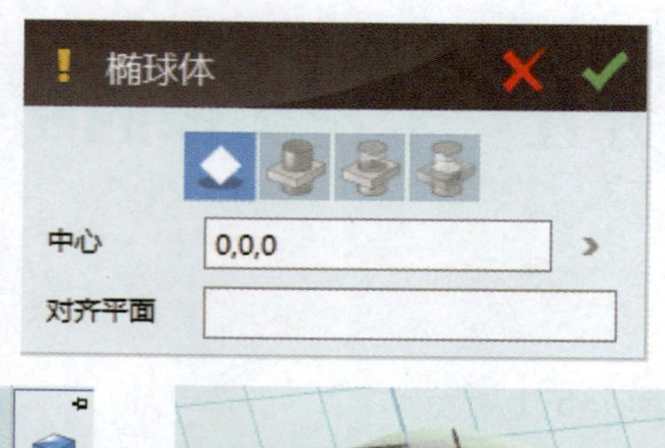

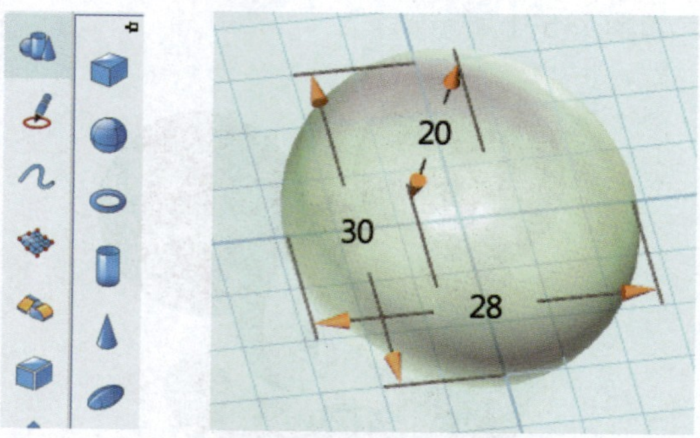

图 7-5-2　绘制椭球体

②单击“基本实体”→“六面体”，放置在椭球体旁边，高度比椭球体稍微高一点，作为辅助参考体，如图 7-5-3 所示。

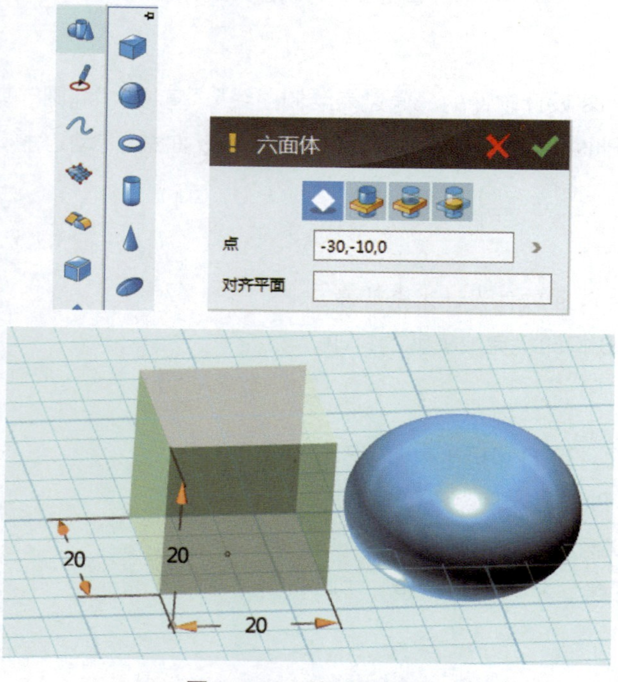

图 7-5-3　绘制六面体

③单击“草图绘制” → “通过点绘制曲线” ，草图平面选择六面体上表面，绘制米奇脸轮廓曲线。

步骤 1：草图平面选择六面体上表面，选择上视图对齐后绘制，如图 7-5-4 所示。

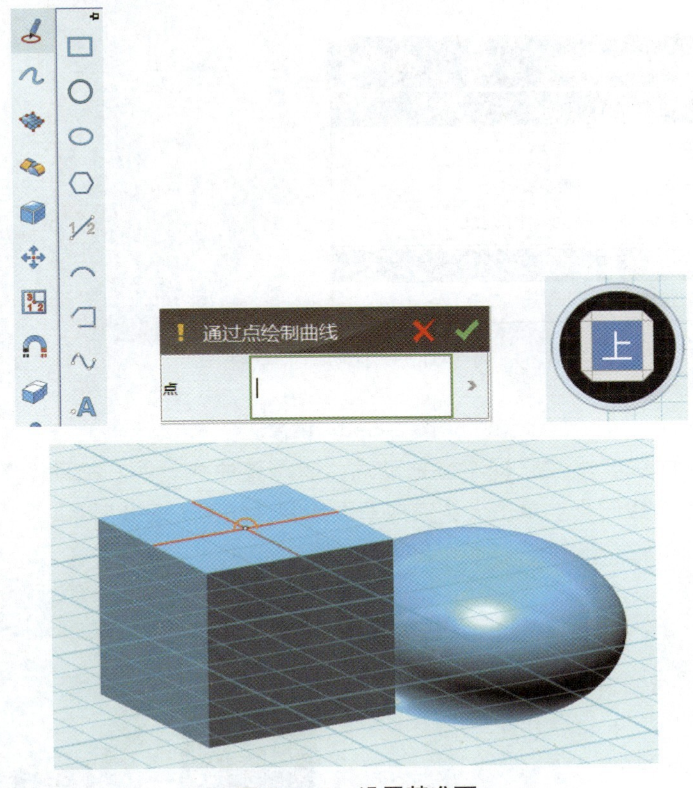

图 7-5-4 设置基准面

步骤 2：画如图 7-5-5 所示轮廓线，选中并按住鼠标左键拖动，改变点的位置，从而改变曲线形状，如图 7-5-5 所示。

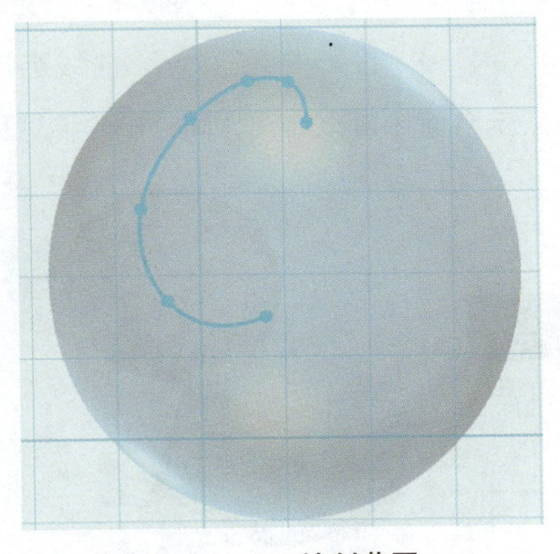

图 7-5-5 绘制草图

步骤3：镜像曲线。单击“基本编辑”→“镜像”，镜像上图曲线，如图7-5-6所示。画一条直线作为辅助线，镜像后再删除。

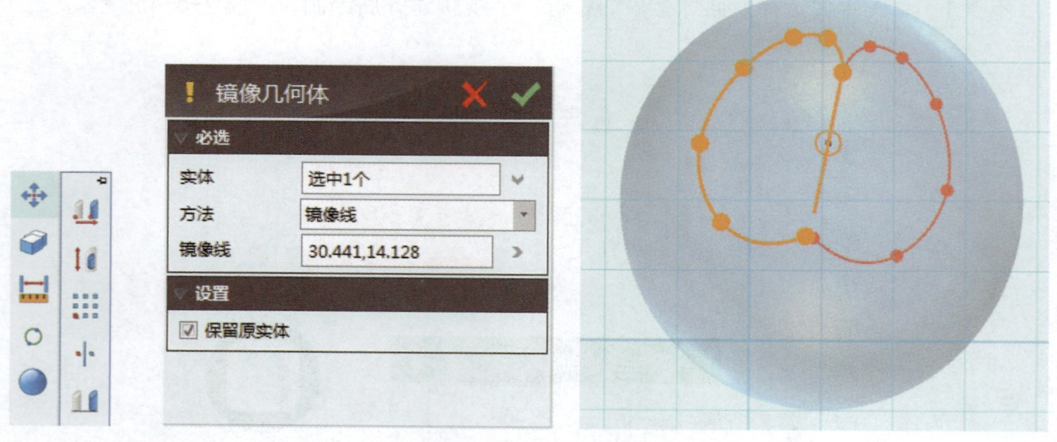

图7-5-6　镜像

步骤4：调整曲线。按住鼠标左键拖动点，以调整曲线轮廓。拖动图7-5-7所示顶点，使其重合，从而使曲线闭合。单击大钩完成草图绘制，如图7-5-8所示。

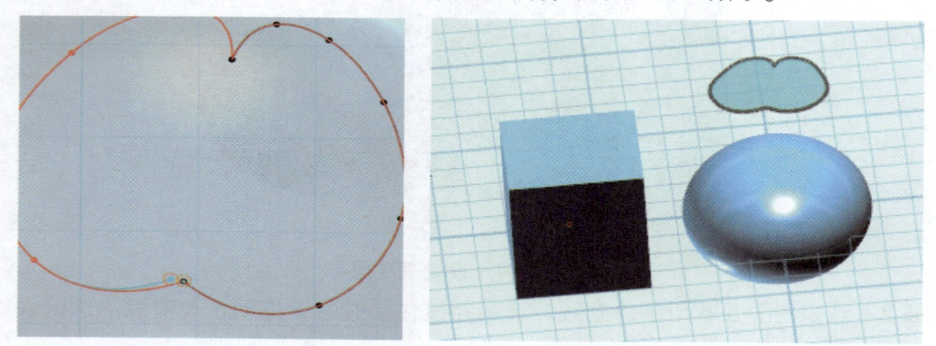

图7-5-7　调整曲线　　　　图7-5-8　完成草图绘制

④单击“空间曲线描绘”→“投影曲线”，曲线选择草图曲线，面选择椭球体表面，方向选择如图7-5-9所示六面体黄色箭头方向，删除椭球体背面的线条。

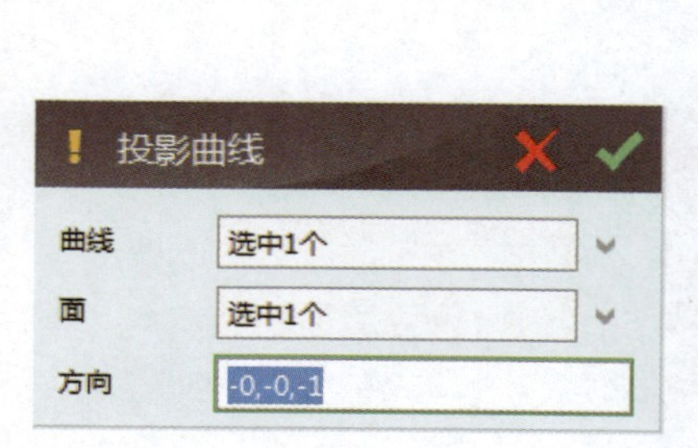

图7-5-9　投影曲线

⑤单击“空间曲线描绘” →“镶嵌曲线” ，面选择椭球体表面，曲线选择图 7-5-10 所示所有曲线，方向为六面体黄色箭头方向，偏移值为 0.5，使其产生凹陷的效果。

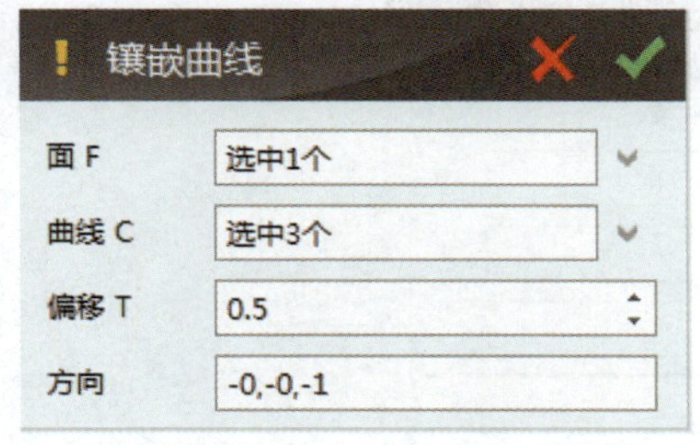

图 7-5-10　镶嵌曲线

⑥绘制米奇的眼睛。

步骤 1：单击“草图绘制” →“椭圆形” ，选择六面体上表面作为草图平面，选择上视图对齐，绘制单只眼睛，如图 7-5-11 所示。

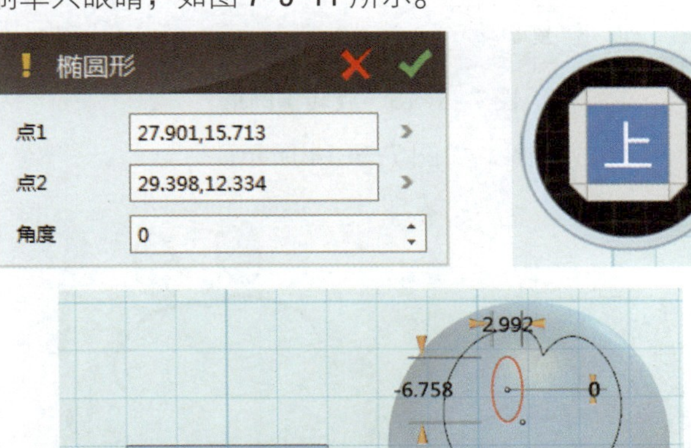

图 7-5-11　绘制椭圆形

步骤 2：单击“基本编辑” → “阵列”，绘制出另一只眼睛曲线，如图 7-5-12 所示。

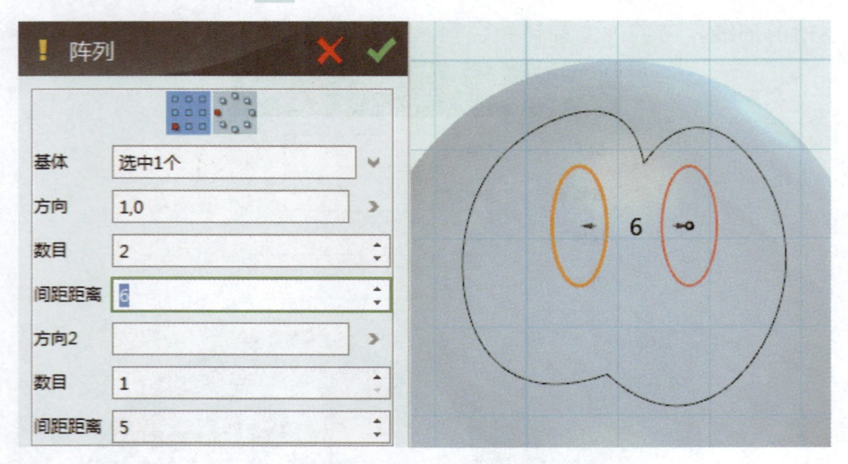

图 7-5-12　陈列椭圆形

步骤 3：单击“基本编辑” → “旋转” ，实体选择两个椭圆，选中基点如图 7-5-13 所示，角度输入 -16，把眼睛旋转到合适位置。

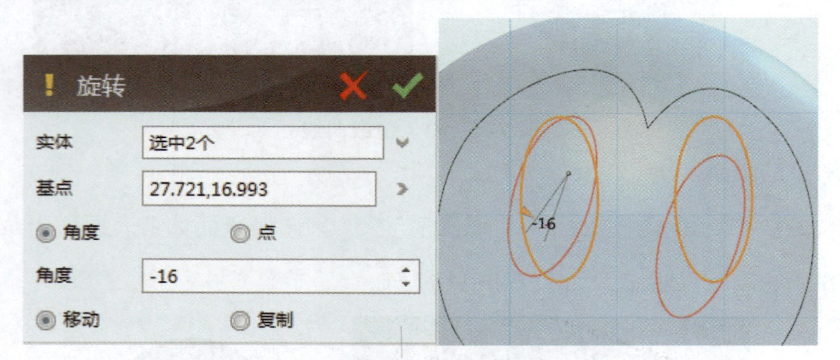

图 7-5-13　旋转椭圆形

步骤 4：单击大钩 完成草图，如图 7-5-14 所示。

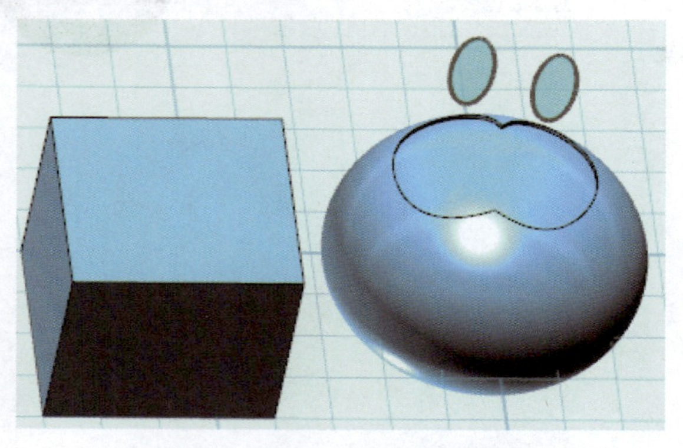
图 7-5-14　完成草图绘制效果

步骤 5：单击“空间曲线描绘” → “投影曲线” ，曲线选择草图曲线，面选择眼眶表面，方向选择如图 7-5-15 所示六面体黄色箭头方向。

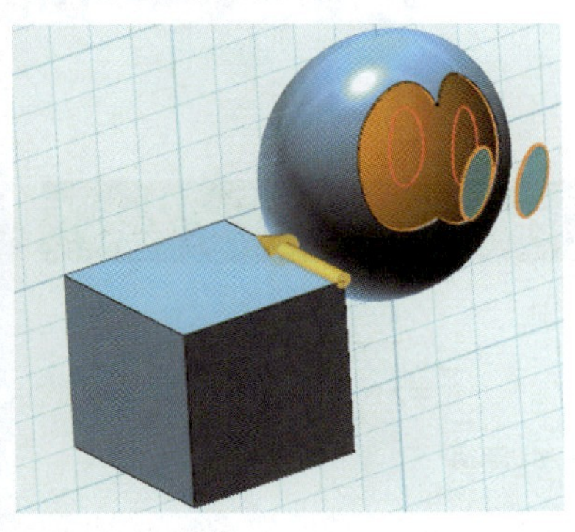

图 7-5-15 投影曲线

步骤 6：单击“空间曲线描绘” → “镶嵌曲线” ，面选择眼眶表面，曲线选择两个椭圆曲线，方向为六面体黄色箭头方向，偏移值为 0.5，使其产生向外凸的效果，如图 7-5-16 所示。

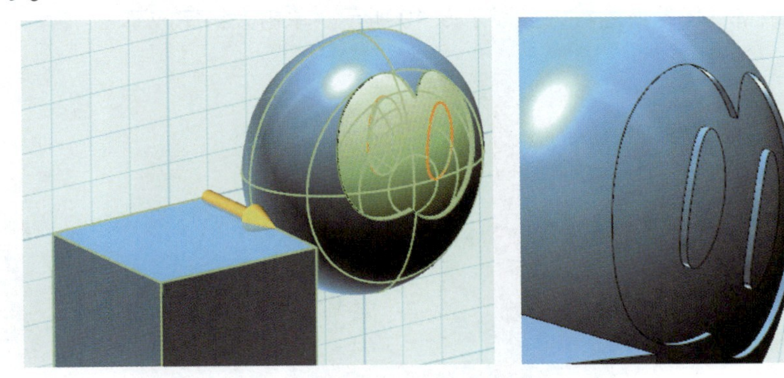

图 7-5-16 镶嵌曲线

⑦制作米奇的鼻子。

步骤 1：单击“基本实体” → “椭球体” ，绘制米奇的鼻子和鼻尖，如图 7-5-17 所示。

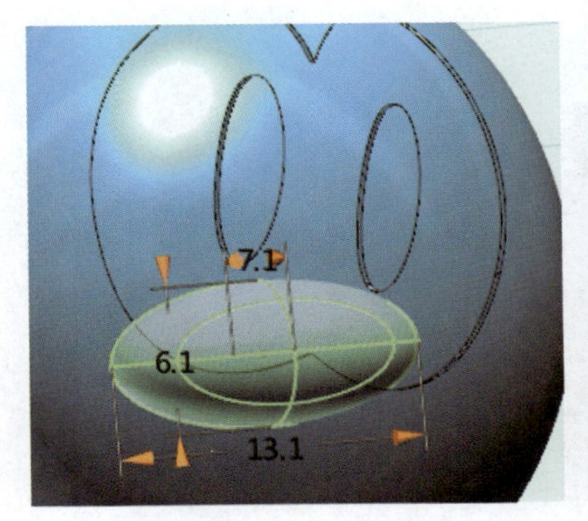

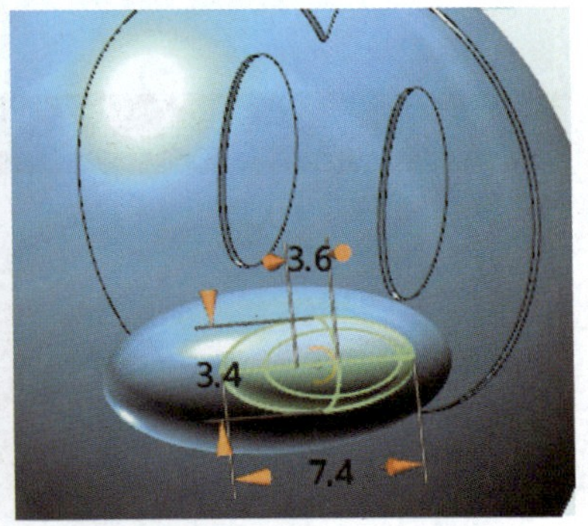

图 7-5-17 绘制椭球体

步骤2：单击“基本编辑” → “移动” ，使用动态移动工具调整鼻子到合适位置，如图7-5-18所示。

图7-5-18　移动

⑧制作米奇的嘴部和舌头。

步骤1：单击“草图绘制” → “通过点绘制曲线” 和“圆弧” ，草图平面选择网格面，绘制米奇下巴轮廓曲线，如图7-5-19所示。单击大钩完成草图。

图7-5-19　绘制草图

步骤2：单击“特征造型” → “拉伸” ，拉伸米奇下巴草图，拉伸高度为10 mm，如图7-5-20所示。

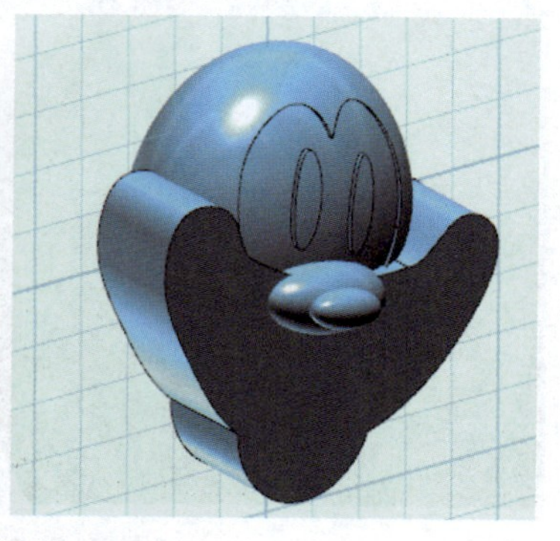

图7-5-20　拉伸下巴

步骤 3：单击“草图绘制” → “通过点绘制曲线” 和“圆弧” ，选择下巴上表面为草图平面，单击上对正视图，绘制嘴部轮廓线，如图 7-5-21 所示。

图 7-5-21 绘制嘴部草图

步骤 4：单击“特征造型” → “拉伸” ，拉伸米奇嘴部，拉伸高度为 -1.5 mm，选择减运算，如图 7-5-22 所示。

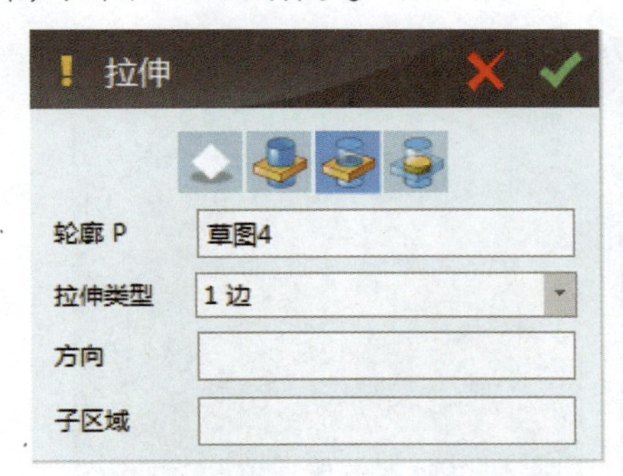

图 7-5-22 拉伸嘴部

步骤 5：单击“草图绘制” → “通过点绘制曲线” ，选择嘴部里面为草图平面，单击上对正视图，绘制舌头轮廓线，如图 7-5-23 所示。

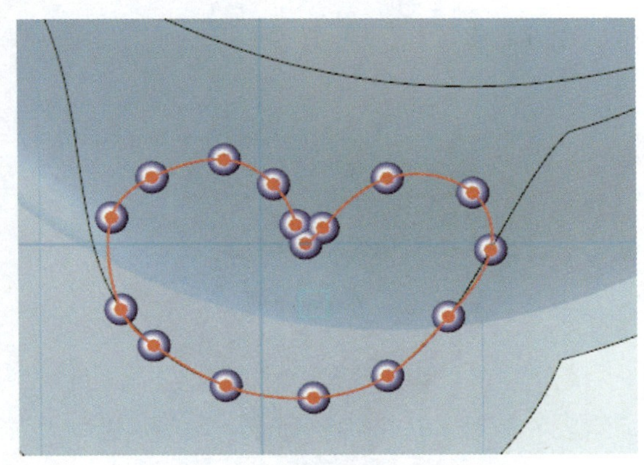

图 7-5-23 绘制舌头草图

步骤 6：单击“特征造型” → “拉伸” ，拉伸米奇舌头，拉伸高度为 1.5 mm，如图 7-5-24 所示。

图 7-5-24　拉伸舌头

⑨制作米奇的眼珠。

步骤 1：单击“基本实体” → “椭球体” ，给米奇加上一只大小合适的眼珠，并用动态移动命令旋转眼珠到合适位置，如图 7-5-25 所示。

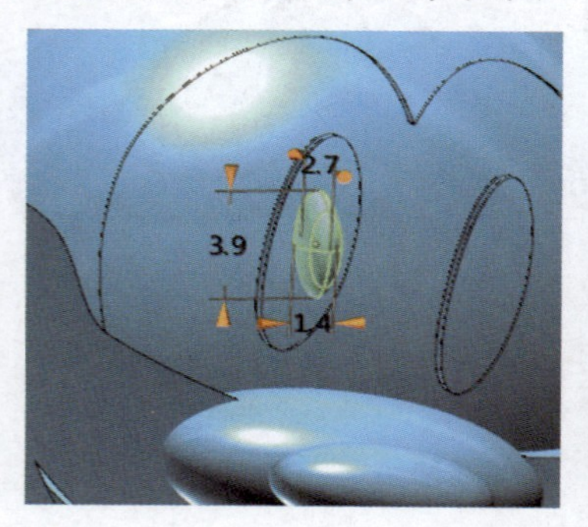

图 7-5-25　绘制眼珠

步骤 2：按住 Control 键后用鼠标左键拖动复制另一只眼珠到合适位置，如图 7-5-26 所示。

图 7-5-26　复制眼珠

⑩制作米奇的耳朵。

步骤 1：单击“基本实体”→“圆柱体”，圆柱体半径为 9.5 mm，高度为 4 mm，如图 7-5-27 所示。

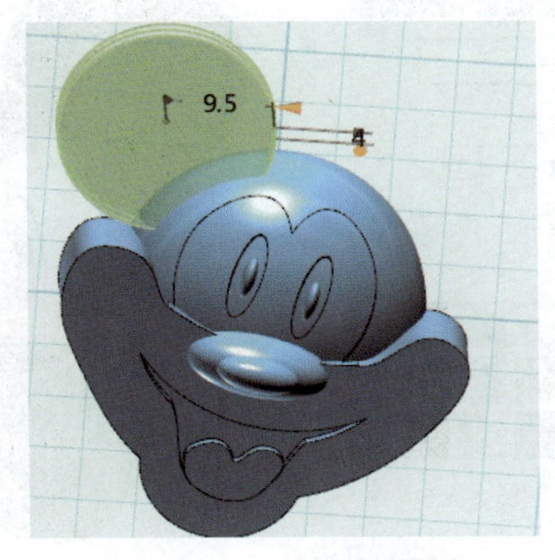

图 7-5-27　绘制耳朵圆柱

步骤 2：单击“特殊功能”→“抽壳”，开放面为圆柱体上表面，抽壳厚度为 -1 mm，如图 7-5-28 所示。

图 7-5-28　抽壳

步骤 3：复制出另一只耳朵，如图 7-5-29 所示。

图 7-5-29　复制另一只耳朵

⑪对米奇进行材质、颜色渲染。单击“颜色”，选择自己喜欢的颜色和合适的透明度，如图 7-5-30 所示。

图 7-5-30　完成效果图

二、文件格式转换

单击软件界面左上角图标 3D One Plus →“导出”→选择合适的保存位置→“文件名”输入“米奇头像”→“保存类型（T）”选择“.stl”格式→“保存（S）”，如图 7-5-31 所示。

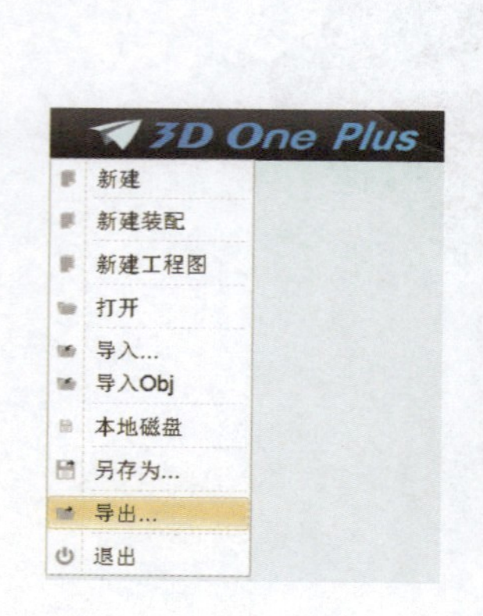

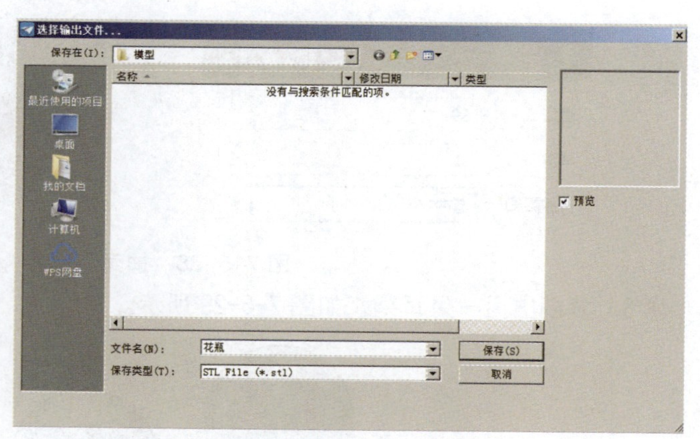

图 7-5-31　导出视图

三、模型放置

①双击“UP Studio”图标，打开太尔 UP BOX+ 3D 打印机操作软件，其界面如图 7-5-32 所示。

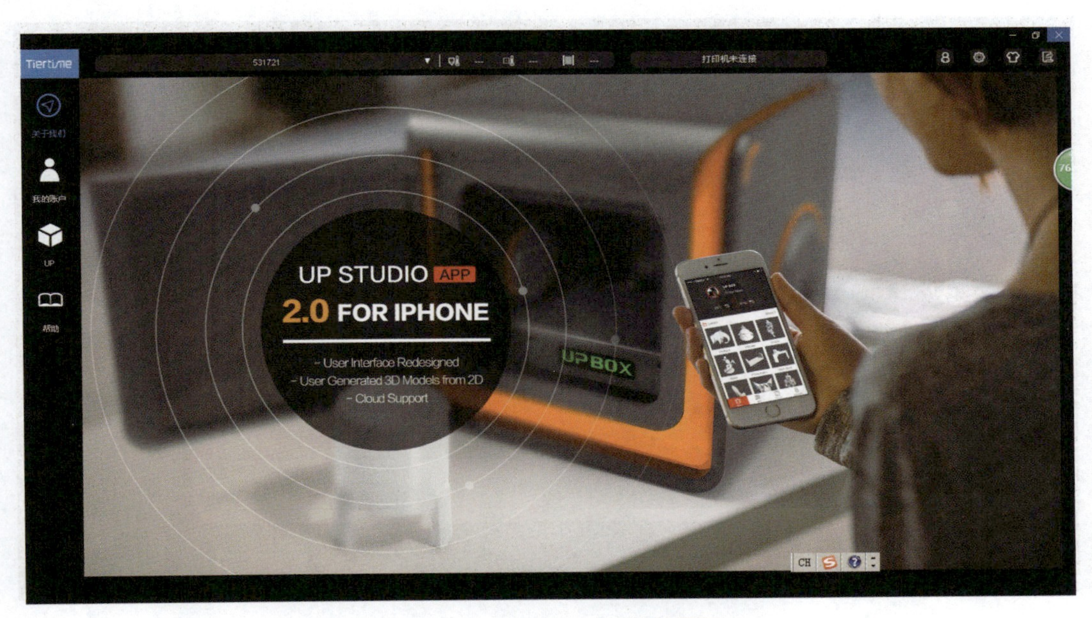

图 7-5-32　Up Studio 软件界面

②单击“文件” ，进入操作界面，如图 7-5-33 所示。

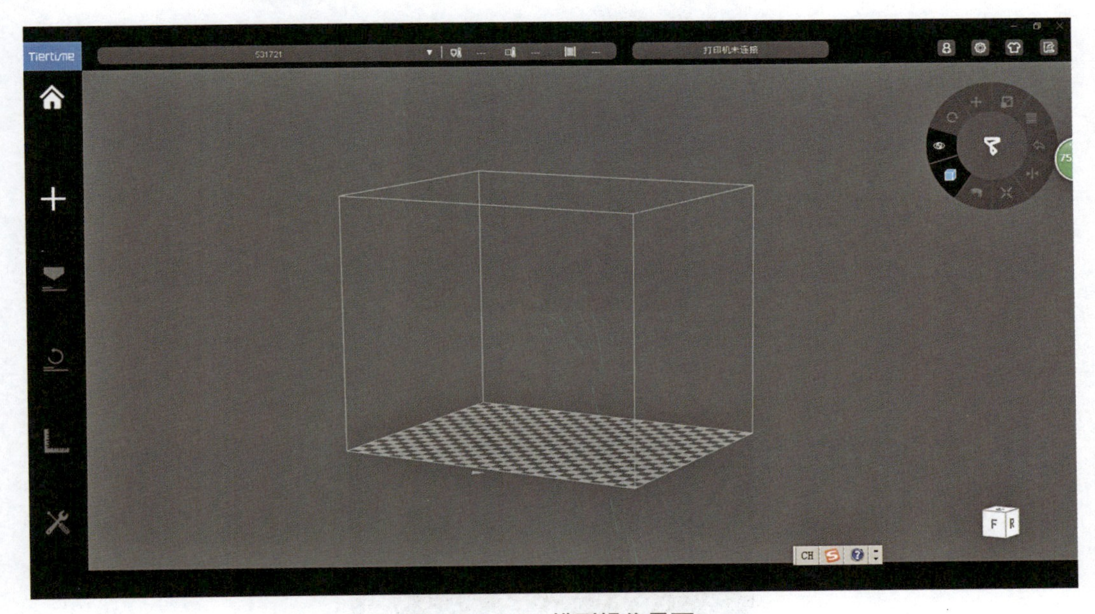

图 7-5-33　模型操作界面

③单击“添加” → “添加模型” →选择米奇头像模型→ “打开”，如图 7-5-34 所示。

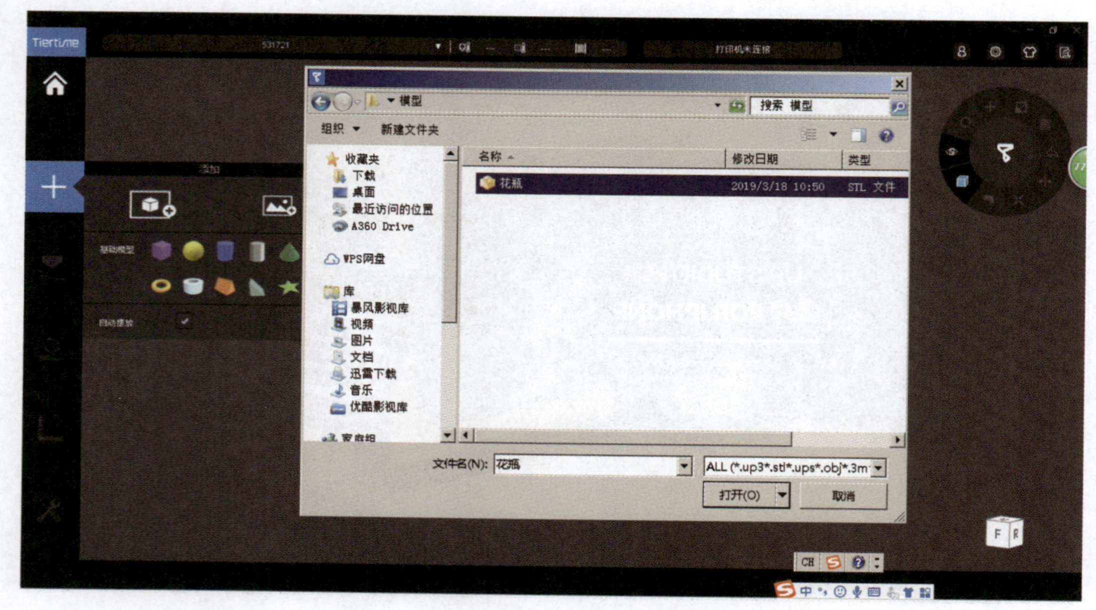

图 7-5-34　载入文件

④选择右上方“模型调整轮”  →“旋转”→“选面置底”，如图 7-5-35 所示。

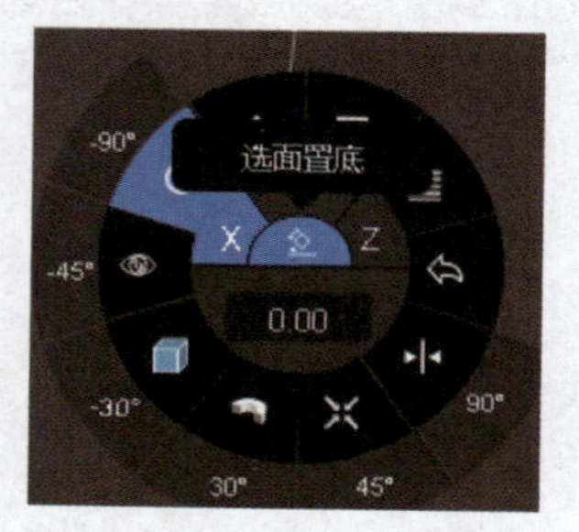

图 7-5-35　模型调整轮

⑤选择米奇头像底面→“确定”，完成模型的摆放，如图 7-5-36 所示。

图 7-5-36　模型摆放

四、打印参数设置

①单击“初始化”按钮，完成打印机初始化。

②单击“打印”按钮，设置打印参数，如图 7-5-37 所示。

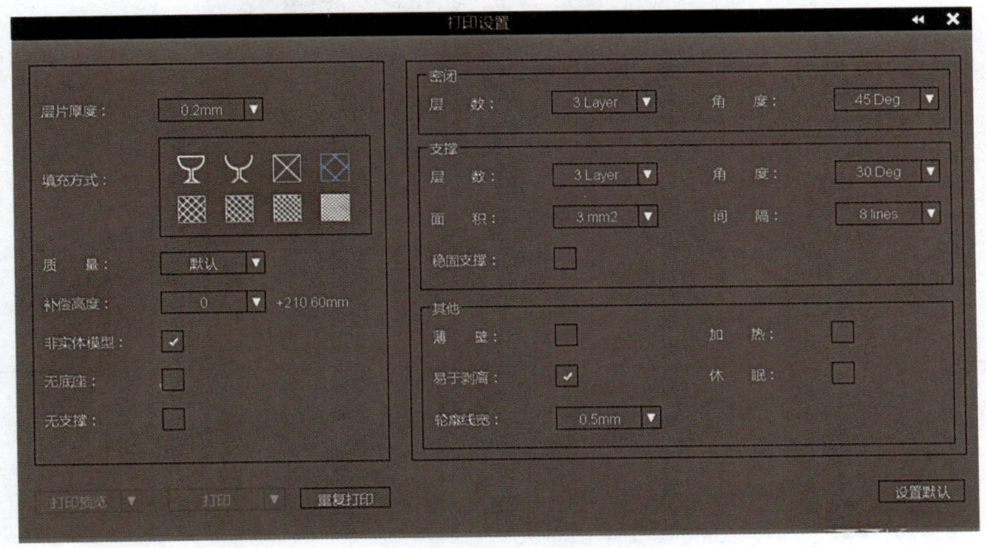

图 7-5-37　打印设置

③“层片厚度”设置为“0.2”。

④“填充方式”选择第 4 种。

⑤单击“打印预览”，将显示该模型打印的时间及消耗的材料，如图 7-5-38 所示。

图 7-5-38　打印信息

五、后置处理

①剥离模型支撑，如图 7-5-39 所示。

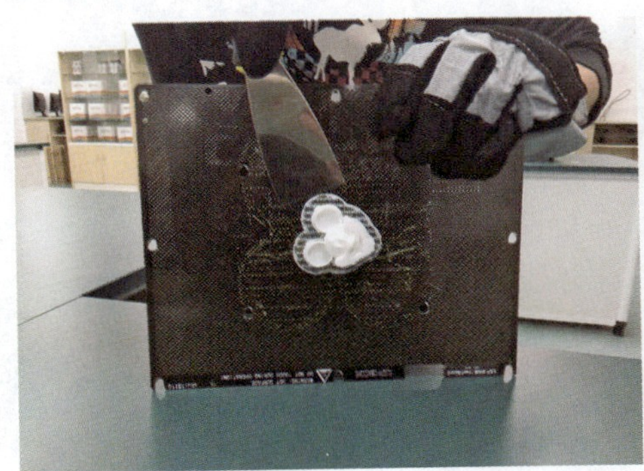

图 7-5-39　剥离底座及去除支撑

②表面光洁处理，如图 7-5-40 所示。

图 7-5-40　打磨抛光

六、任务评价

序号	检测项目	项目要求	配分	评价			综合评价
				学生自评	小组评价	教师评价	
1	模型设计	设计合理	40				
2	数据转换	导出 .Stl 格式文件	10				
3	模型打印	模型完整，支撑合理	30				
4	后置处理	去除支撑，表面光洁	10				
5	安全文明	符合 4S 管理规定	10				

七、任务小结

①在设计米奇头像时用到 3D One Plus 的哪些命令?

②模型设计时遇到的问题有哪些?

③打印模型的流程是什么?

④打印模型时遇到的问题有哪些?

八、拓展训练

生活中还有哪些卡通动漫头像? 发挥想象，设计一个卡通头像。

参考文献

[1] 莫健华 . 液态树脂光固化 3D 打印技术［M］. 西安：西安电子科技大学出版社，2016.

[2] 董苹，赵寒涛，吴冈 ."打印—加工"一体式 3D 技术的研究 [J]. 自动化技术与应用，2015（12）：100.

[3] 娄平，尚雯，张帆 . 面向 3D 打印切片处理的模型快速载入方法研究 [J]. 武汉理工大学学报，2016（6）：97.

[4] 杜宇雷，孙菲菲，原光，等 .3D 打印材料的发展现状 [J]. 徐州工程学院学报，2014（3）：20.

[5] 陈硕平，易和平，罗志虹，等 . 高分子 3D 打印材料和打印工艺 [J]. 材料导报，2016（4）：54.

[6] 张胜，徐艳松，孙姗姗，等 .3D 打印材料的研究及发展现状 [J]. 中国塑料，2016（1）：7.

[7] 宋闯，周游 .3D 打印建模 .［M］. 北京：机械工业出版社，2017.